地球动力：火山与冰川的奥秘

王渝生　主编

中国大百科全书出版社

图书在版编目（CIP）数据

地球动力：火山与冰川的奥秘 / 王渝生主编 .

北京 ： 中国大百科全书出版社，2025. 1. -- ISBN 978
-7-5202-1756-9

Ⅰ . P317-49；P343.6-49

中国国家版本馆 CIP 数据核字第 2025NG9003 号

出　版　人：刘祚臣
责任编辑：杜晓冉
责任校对：刘敬微
责任印制：李宝丰
出　　　版：中国大百科全书出版社
地　　　址：北京市西城区阜成门北大街 17 号
网　　　址：http://www.ecph.com.cn
电　　　话：010-88390718
图文制作：北京杰瑞腾达科技发展有限公司
印　　　刷：唐山富达印务有限公司
字　　　数：100 千字
印　　　张：8
开　　　本：710 毫米 ×1000 毫米　　1/16
版　　　次：2025 年 1 月第 1 版
印　　　次：2025 年 1 月第 1 次印刷
书　　　号：978-7-5202-1756-9
定　　　价：48. 00 元

编委会

主　编： 王渝生

编　委：（按姓氏音序排列）

程忆涵　杜晓冉　胡春玲　黄佳辉

刘敬微　王　宇　余　会　张恒丽

目录

第一章 火山知多少

[一、火山]

　　地球内部炽热的岩浆及伴生气体、碎屑物质经地下通道喷出，在地表冷凝、堆积形成的山体。火山一词来源于拉丁语 vulcanus 或 volcanus，意指地壳上的一个开口，通过它有炽热的物质被抛出形成的"山"。火山一词的来源与古代神话有关，在希腊神话中赫菲斯托斯是火神，而在罗马神话里伏尔甘（Vulcan）被认为是火与锻冶之神。古代文献里说伏尔甘的熔炉就是位于意大利

西西里岛上古老城镇的居民

西西里岛海岸附近的武尔卡诺火山。

由于火山喷发的高温和不可接近性，以及巨大的破坏性，人类最初对火山的印象是恐惧和灾难，在不能对火山喷发作出科学解释的历史条件下，只好将其归因于"神"的驱使。直到公元 79 年小普林尼详细记述了维苏威火山喷发过程，人类才将火山及火山喷发纳入科学认识的轨道。由于火山灾害造成众多的人员伤亡以及巨大财产损失，才引起科学家、政府官员和当地居民的高度关注，从而促进了火山学的发展。尽管这样，1815 年印度尼西亚坦博拉火山极其猛烈的喷发，因全球通信联络不发达，以及当时自然科学尚不成熟，在火山学研究史上并没有产生重大影响。19 世纪末，全球的运输和通信已得到极大发展，1883 年印度尼西亚喀拉喀托火山的喷发才得以引起科学界的关注，推动并出现了全球第一次组织完善的火山灾害调查，并出版了有关的科学研究文章。20 世纪初，加勒比海地区几大灾难性的火山喷发，促使 1911 年日本和美国夏威夷火山观测站的建立，火山学才作为一门现代科学出现并发展起来。

火山喷发是地球自形成以来一直存在的一种地质作用。它参与了地球各圈层的形成和演化，将地球内部的碳氢氧及其化合物带至地表，从而为地球上生命的起源和演化提供了物质基础，为现代工业的发展提供了许多重要的矿产资源。但是强烈的火山喷发会造成严重灾害。

[二、活火山、死火山]

火山喷发多具间歇性。正在喷发和人类有史以来常作周期性喷发的火山称活火山，其周期一般为数年至数百年不等。近期不活动处于宁静期的火山称休眠火山，但它在将来还可能再次喷发，成为活火山，二者之间无严格界限。但那些最后一次喷发距今已很久远，且火山构造已遭严重破坏的，并被证明在可预见的将来不会发生喷发的火山，称为熄灭火山或死火山。

判断一座火山的"死"和"活"，迄今并无严格而科学的标准来加以界定。经验上或传统上将有历史喷发记载的火山称为活火山，这样的火山在全球有 500 多座。但历史记录对各国和各地是很不同的，无人地区没有任何历史记载。于是一些火山学家根据对大量活火山喷发的间隔期（取其中值）和死火山最后一次喷发时间的统计，提出一个有一定时间条件限制的、改进的活火山定义，即把那些在过去 10000 年、5000 年、2000 年来有过一次喷发的火山称为活火山，这一时间条件可根据不同地区的不同情况采用其中任何一种。如日本火山活动频率高，采用 2000 年以来有过一次喷发的火山称为活火山。中国大陆处于板块内部，采用 10000 年的间隔标准。

火山的"死"与"活"是相对的。对喷发体积超过 500～1000 立方千米的"超级火山喷发"，由于其岩浆的生成和积聚体积大，时间长，喷发间隔期往往也很长，因此 10000 年的时间限定对它就不适用。例如美国黄石火山，在距今 150000～75000 年间，曾发生过一次巨大的流纹岩质岩浆喷发，其喷发体积达 1000 立方千米以上，

黄石国家公园瀑布

按上述年代限定，该火山已属"死"火山，但强烈的水热活动和地面上隆，以及在数十年或数百年来已经有过多次骚动，表明其岩浆房系统仍在工作，有可能导致该火山在将来再次喷发，仍将其归入活火山。法国中央地块的帕维火山，其最后一次喷发在5860年前，按该地区时间限定，应归入活火山之列，但由于深部地质过程控制的火山活动性在此区已经停止，因而认为该火山应是死火山。又如夏威夷热点火山，当海洋岩石圈板块向西北方向漂移时，相对固定的热点火山岩浆仍不断在新的洋壳裂口处形成新的热点火山，而早先形成的火山，由于已被切断其岩浆供给通道而成为熄灭的火山。于是有人把在火山下面是否存在活动的岩浆系统作为判断火山"死"和"活"的标准。岩浆系统活动可根据以下现象作出初步判断：在活火山区存在水热活动或喷发现象；以该火山为中心的小范围内的微震活动明显高于其外围地区；火山区出现某些可观测到的地壳形变。分析研究该火山所处的构造环境及过去的喷发历史等进行综合分析评价。当火山下面存在活动的岩浆系统或岩浆房时，这个火山被认为具有潜在喷发危险性，应置于现代的火山监测系统之中。

[三、火山地貌]

高温的地下岩浆熔体经地下通道喷出地表后，喷发物形成的锥形山或负锥形凹地、穿状、环形、盾状、席状、墙状体等形状的各种各样的火山口地貌。典型的火山口地貌表现为顶部有漏斗状洼地的锥状孤立山峰（火山锥），如日本的富士山。山顶的洼地即地下岩浆喷出地表的出口，称为火山口。外形呈近圆锥形，顶部呈漏斗状或不规则凹坑状的火山口可蓄水成为湖泊，称为火口湖，如中国的长白山天池火口湖。火山地貌既取决于当地的地形和地质构造，也取决于喷出岩浆的化学成分。岩浆的黏度低则易于流淌，可以形成广阔的熔岩被、熔岩高原或熔岩台地，如玄武岩大面积流淌形成的印度德干高原。岩浆越是黏稠则流动性越

差，从火山口溢出后易于变冷凝固形成熔岩穹或岩钟，有时还会堵塞火山通道，使得地下压力上升，超过一定限度时，便造成更加猛烈的喷发并掀掉部分火山锥，如美国的圣海伦斯火山。当地下岩浆大量、连续喷出后，由于地下岩浆房变空而缺少支撑，火山口发生塌陷即形成破火山口，这种情况多发生在火山大体积爆炸喷发之后。

［四、火山成因］

火山的形成应包括岩浆的生成、聚集、搬运直到喷出地表以及火山喷发物与水、大气圈相互作用的整个过程。

岩浆形成 火山喷发的熔体（流体）在地幔或地壳特定部位温度上升，当上地幔温度达到 $1000 \sim 1300℃$、压力大于 $1.5 \times 10^9 Pa$（帕），地壳温度在 $650 \sim 900℃$、压力在 $(0.5 \sim 1.0) \times 10^9 Pa$ 时，可分别使地幔岩石和地壳岩石发生部分熔融，生成岩浆。它们最初分散于岩石的矿物粒间，当这些分散的粒间液相岩浆，通过动力作用迁移、流动、聚集时，才能形成规

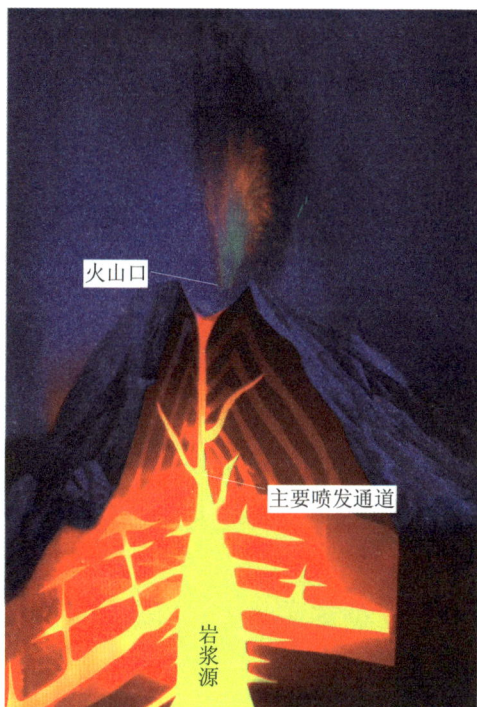

火山形成示意图

（图中文字：火山口、主要喷发通道、岩浆源）

模不等的地幔或地壳的岩浆房，为火山喷发或岩浆侵入提供物质基础。在上地幔中的岩浆，可直接喷出地表，也可在地壳中形成二次岩浆房，岩浆在这里停留并进行分异作用形成密度不同的层状岩浆房，当岩浆喷出后就出现不同成分的岩石。

由玄武岩构成的典型火山

这种情况在意大利维苏威火山和中国长白山天池火山喷发物中都可以看到。另一种情况是，地幔岩浆在二次岩浆房中停留时间较短而未及分异就喷出地表，如夏威夷冒纳罗亚火山和基拉韦厄火山喷发。

岩浆搬运和喷发　岩浆由岩浆房喷至地表的过程。当溶解有挥发分（主要是 H_2O，CO_2，HF，SO_2 等）的岩浆上升而温度压力下降时，挥发分会从岩浆中逸出，继而沸腾出现碎屑化和泡沫化，并发生爆炸，快速冲出地表形成喷发。特别是当岩浆中含有饱和甚至过饱和 H_2O 时，或此岩浆与地下水、地表水相互作用，会发生猛烈的爆炸喷发。岩浆房中的岩浆源源不断地通过火山管道向大气层喷射形成喷发柱，其高度可达 10～30 千米甚至 50 千米，这取决于岩浆房的规模、内压力、挥发分含量和火山喷发口的直径。当岩浆中挥发分含量较低，岩浆上升至地表喷出时并未遇到地表水或含水地层，就不会出现碎屑化和泡沫化，岩浆（主要是玄武岩质的）比较平静、连续不断地由火山口或裂隙通道溢出地表，形成广阔的熔岩被或高原。在水下喷发时，常形成枕状熔岩。

[五、火山喷发]

　　长期观察火山喷发时，发现有许多种类型的喷发。常见的类型是中心式喷发和裂隙式喷发。中心式喷发指岩浆沿颈状管道的一种喷发，其通道在平面上为点状，又称点状喷发。多数近代火山属于这种喷发，最大特点是形成火山锥，火山口中心多凹成盆状。根据组成物质的不同，火山锥可以分为碎屑锥、熔岩锥和混合锥。裂隙式喷发指岩浆沿一定方向大断裂（裂隙）上升的一种喷发，由于喷发通道呈线状分布，又称线状喷发。法国人A.拉克鲁瓦在1908年提出四种主要的喷发类型：斯特龙博利式、武尔卡诺式、夏威夷式和培雷式。后来A.斯托帕尼使用普林尼式这一术语来描述极端猛烈的爆炸式喷发。除夏威夷式喷发外，上述几种大都属于中心式喷发。由于冰岛是大西洋中脊通过之处，是唯一可以在陆地上观察到洋脊形成过程和火山喷发状况的地方，因此冰岛式喷发作为洋中脊喷发的代表，属于裂隙式喷发。

　　夏威夷式　以美国夏威夷岛火山喷发为代表。特点是很少发生爆炸，常从山顶火山口和山腰裂隙溢出玄武质熔岩流，而且是稳定而非间歇性释放熔岩。岩浆黏度小，流动性大，形成比较广阔的熔岩穹或熔岩盾。有时由于气体释放量较多，喷发时岩浆受到较大的静压力以及气泡的膨胀作用，当其到达地表时可形成熔岩喷泉，高达300米或更高。喷发产物主要是熔岩，也有少量火山渣和火山灰。

　　武尔卡诺式　以地中海西西里岛附近的武尔卡诺岛火山喷发为代表。

正在喷发的埃特纳火山

以数分钟至数小时间隔内多次重复的不连续喷发为特点，通常为玄武质安山岩或安山岩浆。岩浆黏度大时，喷发较为猛烈。不喷发时火山口上部形成较厚的固结外壳，气体在固结的外壳下聚集并使熔岩中气体含量趋于饱和，当压力超过上覆的压力会发生猛烈的爆炸，有时足以摧毁部分火山锥，一些碎片和面包皮状火山弹和火山渣被喷出，同时伴随着含相当数量火山灰的菜花状喷发云，随后熔岩流从火山口或火山口侧缘的裂隙中流出。日本浅间山、樱岛火山也属此类型。

斯特龙博利式　以西西里岛附近的风神岛上的斯特龙博利火山为代表。该火山经常有喷发活动，古代起即被称为"地中海的灯塔"。喷发特点是定期有或多或少的中等强度喷发，是开放的岩浆柱顶部大的气泡或气泡群不连续爆炸的结果。喷出岩浆限于黏性较低、挥发分含量较少的熔岩，因而常为玄武岩浆喷发，破碎作用不很充分，仅产生少量火山灰。如果在短间隔期内多次重复爆炸，则在火山口上方可产生对流喷发云，夹带的细粒火山碎屑会有较广泛的散布。但大多数火山的碎屑紧靠火山口堆积，并形成由火山渣、火山砾、火山弹、火山块组成的火山锥。

培雷式　以西印度群岛马提尼克岛上培雷火山为代表。特征是高黏度的岩浆喷发猛烈，产生炽热火山灰云和火山灰微粒，熔岩被火山灰中含量很高的气体所推动而流出。从火山口逃逸的气体常被熔岩堵住，当压力增加发生爆炸时，就像从瓶塞底下喷出的一阵疾风。历史上发生培雷式喷发的火山较多，如1835年尼加拉瓜的科西圭纳，1883年印尼的喀拉喀托，1902年圣文森特岛的苏弗里耶尔，

沿断层带喷出的火山岩浆（裂隙式喷发）

1912年美国阿拉斯加的卡特迈，1951年巴布亚新几内亚的拉明顿，1955～1956年俄罗斯堪察加半岛的别兹米扬，1968年菲律宾的马荣，1982年墨西哥的埃尔奇琼等火山喷发均属此类型。

冰岛式　以冰岛火山喷发为代

表。特点是大量玄武质熔岩不是从中央火山口，而是从裂谷的张性裂隙中喷出。喷出熔岩流长达数十千米，并向附近漫流，能覆盖数百平方千米。如冰岛的长达 27 千米的斯卡夫特裂谷就是在 1783 年拉基火山的裂隙喷发后而裂开的，其中的拉卡基格裂缝有 5 千米长的墙

冰岛地热温泉浴池

状喷发和熔岩瀑布，颇为壮观，裂开后的 8 个多月里，喷出了 13 立方千米的熔岩和大量的火山灰及火山气体。历史上曾记录到该裂隙带上 16 次喷发，最近的几次包括有海克拉火山 1980 年和 1990 年两次喷发。一些以大规模裂隙喷发为主的溢流玄武岩，如哥伦比亚河谷高原玄武岩、中国峨眉山玄武岩都可以归入此类喷发。近代一些科学家认为，大规模溢流玄武岩喷发是地幔柱活动的结果。

普林尼式 极端猛烈的爆炸喷发。喷出物主要是浮岩、岩屑和火山灰，而很少有熔岩喷发，其喷发的岩浆成分多是高黏度的泡沫化岩浆，喷发时不断伴有爆炸声。大多数此类喷发都形成高达 10 余千米直到 55 千米高度不等的喷发柱，使大量火山灰进入平流层。由于多是大规模、大体积喷发，火山口易于塌陷而形成破火山口。形成广布的空降浮岩堆积和厚大的火山碎屑流以及次生的火山泥石流，也是此类喷发的特征。1200 年中国长白山天池火山，1815 年印尼坦博拉火山，1980 年美国圣海伦斯火山，1982 年墨西哥埃尔奇琼火山和 1991 年菲律宾皮纳图博火山喷发等属于普林尼式喷发。

上述各种类型喷发，大多是以某座火山的一次不同于其他类型喷发而命名的，但这并不表示一座火山喷发只存在一种喷发类型。相反地，同一火山在不同年代的喷发完全可以是不同类型的喷发。即使是一座火山的同一次喷发活动，也可以从一种喷发类型开始，以后又被另一种喷发类型所代替。

其他类型　按喷出岩浆与气体（主要是 H_2O、CO_2、SO_2、H_2S 等）比例的不同可以分出爆炸喷发、岩浆喷发、蒸汽岩浆喷发、蒸汽喷发及硫质喷气活动等类型。一般低平火山口大都是由岩浆－蒸汽喷发所形成，但这种情况发生在当高温岩浆喷出与地下水或地表水作用，水／岩浆质量比小于 0.2% 时，水被迅速汽化，但又不能立即排出，迅速积蓄的能量即岩浆热能转化为机械能，发生爆炸，使周围岩石爆破形成低平火山口。但当岩浆、水相互作用停止后，岩浆仍将从火山口继续喷出。当岩浆中含饱和甚至过饱和水，或有外部水加入，水／岩浆质量比在 0.3% 附近时，喷发活动虽可归入岩浆－蒸汽喷发，但往往是较为猛烈的普林尼式喷发。单纯的蒸汽喷发往往以衰老期的火山居多，日本有许多这样的火山发生过蒸汽喷发。除蒸汽外，一般只喷出围岩碎屑及沙土，而没有岩浆喷出。

如按火山和火山喷发的地质构造的不同，又可分为与板块俯冲作用有关的火山和火山喷发，热点火山，洋中脊火山和大陆裂谷火山喷发等。

［六、火山分布］

全球的火山分布是有规律的，一般火山都分布在两板块相互作用的地带，它们与板块运动相联系。

与板块俯冲作用有关的火山　当两板块会聚碰撞时，其中一个板块被挤压到另一个板块下方而形成俯冲带（多是较薄的海洋岩石圈板块俯冲到大陆岩石圈板块之下）。而当两板块离散时，也会产生大量岩浆喷出。正是由于太平洋板块向东西两侧大陆或岛弧的俯冲，以及向南北两侧岛弧的俯冲作用，导致形成全球火山数量最多的环太平洋火山带。根据海底地形和地磁带的分布，将太平洋板块靠近南美板块部分单独划分为纳斯卡板块，其北为加勒比板块和科科斯板块。分布在南美西部边缘及中美洲的诸多火山，分别与纳斯卡板块和加勒比板块的俯冲作用有关。而中美洲的危地马拉火山链位于科科斯板块插入北美板块之下的俯冲带一端。新西兰南岛和北岛，分属太平洋板块和印澳板块。由于太平洋板块的俯冲在新西兰北岛分布有众多的活火山。太平洋板块沿阿留申海沟向北俯冲，导致形成阿留申岛链和阿拉斯加半岛一系列活火山分布；堪察加半岛和萨哈林岛以及日本岛弧的众多活火山都是太

板块形变示意图

平洋"火环"的一部分。日本南部及琉球弧和菲律宾的火山，则被认为与菲律宾板块（太平洋板块的次级板块）的西向或北西向俯冲作用有关。构成太平洋"火环"西南部火山带的是包括巴布亚新几内亚和南太平洋许多著名火山的火山岛，以及新西兰北岛的火山。整个环太平洋分布的火山带占全球火山的大部分，在全球火山分布图上也最为醒目，但这些大都是海洋板块对大陆的俯冲作用形成的火山。

　　海洋岩石圈板块之间的碰撞俯冲，也同样可以形成火山。如加勒比海东侧包括著名的培雷火山在内的小安的列斯火山岛弧，包括蒙特塞拉特岛上的苏弗里耶尔火山、多米尼克岛上的迪亚布洛廷火山和瓦特山火山等，它们在宏观上也可看作是环太平洋火山带的一部分。环太平洋火山带不仅火山数量多，活动性强，而

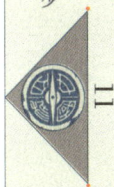

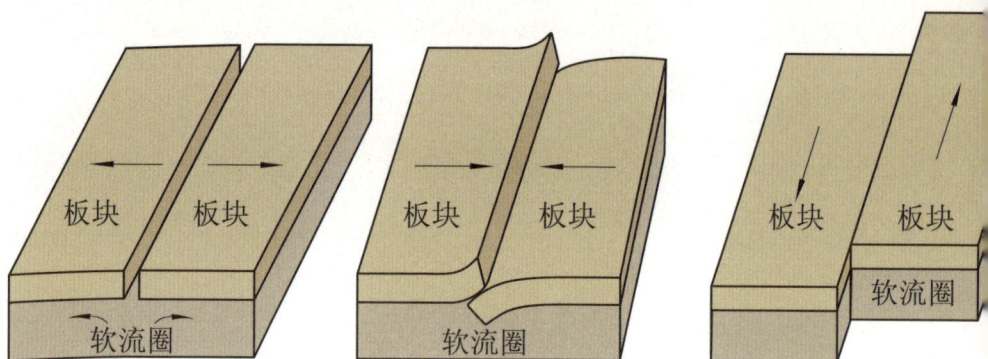

a. 分离型板块边界　　　　b. 汇聚型板块边界　　　　c. 转换型板块边界

三种板块边界类型

且喷发猛烈，这与太平洋板块向大陆一侧的俯冲导致产生的安山－英安岩浆喷发有关。而且产出安山岩浆的火山分布在环太平洋四周，特别是中南美西部边缘或岛屿上，其分布平行于海沟，呈弧形分布，这一安山岩分布特点被称为环太平洋的安山岩线。

东太平洋洋脊以每年20厘米速度加宽，但在其通过加利福尼亚湾切割北美板块西部边缘，从旧金山以北入海这一段，太平洋板块与北美板块之间非俯冲关系，是著名的圣安德烈斯断裂带，因而在这一地段很少有火山活动。入海后的洋脊，虽方向上略有变化，但仍对北美板块俯冲形成喀斯喀特火山链，包括有雷尼尔火山、圣海伦斯火山及拉森火山等著名的火山。

紧接菲律宾火山带南端呈近东西向弧形分布的印度尼西亚火山链，是由印澳板块向欧亚板块俯冲作用的产物。印尼历史上曾发生过多次灾难性大喷发甚至超级大喷发。与俯冲作用有关的火山还包括地中海火山带，这是由于欧亚板块与非洲板块之间的碰撞和俯冲而形成意大利许多著名的火山和西班牙的一些火山。

在南极板块所覆盖的范围内，除约有2%的岩石露头外，大都为冰雪覆盖。埃里伯斯火山是世界上最靠南的活火山，它是由英国探险家J.C. 罗斯于1839年发现并命名的，该火山高3794米，火山口直径500～600米，经常有熔岩或火山弹从火山顶喷出。

与板块离散有关的洋脊火山和洋脊裂谷火山　著名的大西洋中脊的大量岩浆喷出是在数千米以下的洋脊中进行的，人们很难观察到，但从大西洋中脊北端穿过的冰岛伴随有众多火山喷发，人们可以观察到。大西洋中脊以每年 2 厘米的速度向两侧裂开，来自地幔的岩浆从张开的裂缝中涌出，形成新的洋底。如此经过千百万年，它们成长得如此之大，以致伸出海面成为岛屿，冰岛就是这样形成的，全岛范围内分布数以百计的火山，所以通过冰岛的火山喷发就可以目睹新的洋壳及洋脊山脉或海山的形成过程。冰岛许多著名的火山，如拉基火山、海克拉火山、瑟尔塞火山、卡特拉火山等，仍不断喷发。而与火山有关的温泉电站，则是冰岛的主要能源。冰岛周围海域，因火山喷发生成新岛，也时有发生，如 1963 年 11 月，在冰岛西南海底发生了一次猛烈的火山喷发，产生了一个后来被命名为瑟尔塞的新火山岛。

在大西洋扩张脊以西靠近非洲大陆海域里有亚速尔群岛、佛得角群岛、阿森松岛、圣赫勒拿岛等，它们中的大多数都是火山岛，这些岛上的火山究竟是热点火山还是与扩张脊有关，还不清楚，但它们并不位于扩张脊上。

红海的裂开是由于印度洋洋脊向西北方向延伸的结果，也伴随一些火山活动，如厄立特立亚的杜比火山。

大陆裂谷火山　它与洋脊裂谷相似之处是均处于拉张构造体系的火山活动，只是发生在大陆地区。最有名的是东非裂谷火山带，包括非洲最高峰的乞力马扎罗火山、阿耶卢火山、乌穆纳火山、阿夫雷拉火山、梅鲁火山、泰莱基火山、卡里辛比火山、尼拉贡戈火山、尼亚穆拉吉拉火山等。中国华北裂谷在第三纪及第四纪时期曾有强烈的火山活动，但自全新世以来未见有火山喷发。

热点火山　由来自地幔相对固定的岩浆库源源不断地上升喷出地表，形成熔岩流和熔岩喷泉，经过数十万年至数百万年，形成一系列火山岛，如夏威夷群岛及其北西向排列的毛伊岛、瓦胡岛和考爱岛等。它们都是由现在的夏威夷热点火山喷发所形成的火山岛。随着太平洋板块向西北方向漂移，这些火山岛按其形成年代由夏威夷岛向考爱岛依次变老。尽管夏威夷的冒纳罗亚火山和基拉韦厄火山

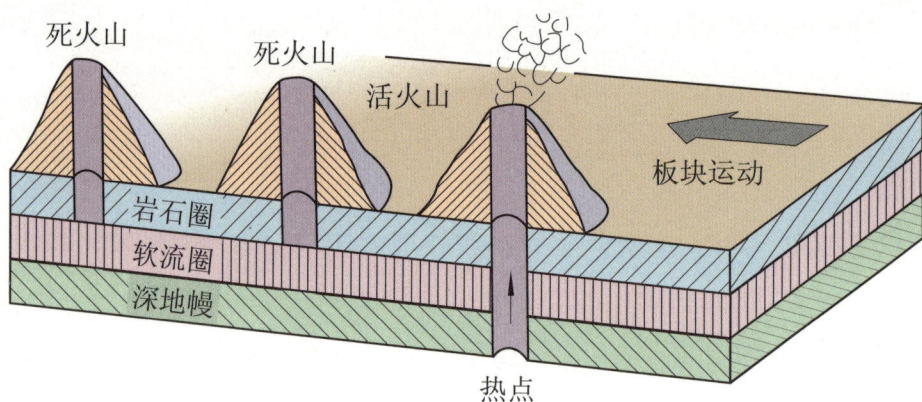

热点活动与火山链的形成示意图

仍在喷发，但随着海洋地壳向北西方向漂移，固定的热点火山将会在夏威夷东南的洛希海山上形成。

印度洋留尼汪岛上的火炉峰火山，它是高达 7 千米的海底火山，在过去 3000 万年间，留尼汪岛已漂移离开原来的热点 4000 千米，被称为徘徊的热点火山。美国怀俄明州的黄石国家公园有壮观的间歇泉和天然温泉，是大陆上著名的热点火山，科学家认为在今后数十万年内，黄石公园地区将持续发生火山喷发。

中国的火山　根据历史火山喷发记载确切的年代学资料，火山区地质、地貌、

吉林长白山天池（火口湖）

地表和地下活动性等特征，全新世以来中国火山喷发有 14 处，主要分布在东北、西南和东南地区。它们既有大陆内部的，也有海岛的，包括黑龙江五大连池老黑山火山和火烧山火山，镜泊湖地下火口森林火山和蛤蟆塘火山，吉林长白山天池火山，吉林龙岗金龙顶子火山，内蒙古阿尔山火山，云南腾冲火山群（以马鞍山、打鹰山、黑空山和大小空峰最为著名），新疆于田以南 250 千米的阿什库勒阿什山火山，台湾岛北部大屯火山和龟山岛火山，以及海南岛北部海口附近的雷虎岭火山和马鞍岭火山。上述活火山基本上都位于第四纪火山活动区，以中心式喷发、中小型火山锥成群出现为特征，除了长白山天池火山，很少形成大面积熔岩台地或大型层状火山。

［七、火山喷出物］

由于岩浆成分，岩浆中所含气体量的差异，火山喷发类型或喷发方式的不同，形成了多种多样的火山喷出物。

熔岩 释放了大部分挥发分而喷出地表的岩浆，以及由这种岩浆固结形成了熔岩，熔岩中 SiO_2 的含量控制着熔岩的黏度及流动性，含 SiO_2 较低的基性或玄武质岩浆，因其低黏度而易于流动，可形成熔岩流、熔岩盾或宽阔的熔岩台地。熔岩流又可分为绳状熔岩流和块状熔岩流，前者的流动比后者快，当其表面冷却时会形成一层表面光滑、柔韧易变形的薄皮，但在皮下的熔岩仍在流动，使柔软的薄皮扭曲变形而成绳状熔岩。当岩浆流动较慢且冷却较快时，就易于形成块状熔岩，或者基本冷却成熔岩又被新喷发的岩浆所推挤而破碎，形成块状熔岩流。这几种熔岩流在中国五大连池火山均可见到。厚大的熔岩流冷凝收缩，可形成颇为壮观的柱状节理，如中国吉林伊通小孤山呈放射状发散分布的玄武岩，柱状节理从山脚分布至山顶，而福建漳州、龙华及台湾澎湖玄武岩柱状节理阵列更是令人惊叹。海底喷发的玄武质岩浆，冷却时具有典型的枕状构造。当熔岩流表面冷

黑龙江五大连池火山熔岩流（绳状熔岩）

却凝固，而其下的岩浆仍在流动，在没有新喷出的岩浆补充时，成为熔岩隧道，这在中国镜泊湖、五大连池及海南岛的熔岩流中可见到。韩国济州岛一个保存很好的宽大的熔岩隧道长达数千米。

火山碎屑物　火山喷发特别是爆炸喷发和熔岩喷泉喷发，或在近地表的岩浆通道中，岩浆已被气泡化和碎屑化，这时喷出的固态或液态岩浆就是大小不等、形态各异的岩浆碎屑物。这些碎屑中粒径大于 64 毫米者，喷发时如为塑性称为火山弹，如为刚性则称为火山块；2～64 毫米之间的碎屑称为火山角砾或火山砾；小于 2 毫米的火山碎屑称火山灰。它们多由火山玻璃、浆屑、火山岩石和细小晶体碎屑组成。按形成机制不同，又可分为火山碎屑流、空降火山碎屑、火山碎屑涌浪和基浪堆积，以及次生的火山碎屑二次堆积和火山泥石流、火山岩屑流等。

火山气体　在板块俯冲带形成的岩浆中，由于富水洋壳物质的加入，其水或挥发分的含量往往比洋中脊形成玄武岩岩浆或其他来自地幔的岩浆要多很多，挥发分的参加还可降低俯冲带岩浆生成的温度，从而提高岩浆的产出率。这也就是俯冲带火山喷发更为频繁，而且更易于发生爆炸性喷发的原因。

火山气体是硅酸盐（也可有碳酸盐）质岩浆中所溶解的挥发性组分，包括 H_2O、CO_2、CO、SO_2、H_2S、HF、H_2、N_2、CH_4 和亚硫酸气体等。其中主要成分是 H_2O，有时可占气体总量的 90％以上，蒸汽岩浆喷发或蒸汽喷发，主要指的是水蒸气。岩浆中挥发气体的含量或溶解度是有限度的，挥发性气体在中-酸性岩浆中的溶解度要比基性岩浆高。当中-酸性岩浆中溶解的挥发性气体（主要是水）达到饱和或过饱和时，岩浆中的挥发分出溶就会形成很大的气体压力，它们就是形成爆炸性喷发并形成喷发柱的主要动力。冷水与炽热的岩浆接触时，瞬间高速汽化也可形成爆炸，这就是大多数低平火山口爆炸喷发的原因。

除火山的水蒸气喷发以外，在火山喷发的晚期也有单纯以硫质喷气和CO_2喷气为主者。随岩浆喷发到大气层中的高温火山气体，将会与周围环境、生物和大气相互作用而产生火山灾害。

[八、火山灾害]

火山喷发通过喷出大量炽热的熔岩、火山碎屑以及对生态环境、气候有致命性破坏的火山气体，并伴随火山泥石流、火山崩塌、海啸、地震、火山爆炸冲击波、闪光、酸雨等，从而造成严重的人畜伤亡和财产损失，摧毁建筑物、农田、森林、桥梁、道路、通信、能源、水源等城镇基础设施，甚至发生火山喷发物掩埋整个城镇（如庞贝、赫库兰尼姆、圣皮埃尔、阿尔梅罗等）的惨剧。

一次火山喷发是否导致火山灾害，以及灾害大小和轻重的程度，既取决于火山喷发的地点（人口稠密区、有人居住区和无人居住区）、火山喷发的类型及其引发的火山灾害类型，也取决于是否对该火山进行监测与研究及制定可操作实施的减灾对策而减少间接灾害。

泥石流

海啸前后对比

据有关资料，1600～1986年全球因火山灾害共死亡约56万人，其中大多数是因喷发后的间接灾害造成的，如气候明显变化，造成农作物歉收、饥荒、瘟疫等。如1783年日本浅间山火山喷发后与饥饿有关的死亡人数就有30万人；而1815年印度尼西亚坦博拉火山猛烈大喷发，直接死亡约1万人，另有8.2万人则死于喷发后的饥荒和疫病。

除间接灾害造成死亡外，因大的火山碎屑流、泥石流而死亡的人数是主要的，其次是火山碎屑降落和因火山喷发和地震而引起的海啸。火山碎屑流、泥石流的高活动性和易流动性，加上具有较高的温度，使得火山碎屑流流经之处很难再有生命存在，所以火山碎屑流是主要的火山灾害之一。公元79年意大利维苏威火山喷发是火山碎屑流灾害的典型例子。若伴随有火山坡体塌陷并导致定向爆炸，则碎屑崩落、溅射的灾害影响范围将更大。据统计1900～1986年因火山灾害死亡人数为7万多人，其中86％与火山碎屑流和火山泥石流有关，另有大约4％死亡与喷发后的饥饿有关。

印度尼西亚坦博拉火山1815年发生大爆发，浓密的火山灰云使500千米外的马都拉岛黑暗了3天，9.2万人丧生，成为有史以来最猛烈、死亡人数最多、对气候影响最大的大喷发之一。马提尼克岛培雷火山1902年喷发，圣皮埃尔市被摧毁，全城 2.8 万人葬身于炽热的火山气体、碎屑流和熔岩流中，是 20 世纪最惨重的火山灾难事件。哥伦比亚鲁伊斯火山 1985 年喷发，火山碎屑和灼热的火山灰融化了火山顶部的冰帽，由此触发形成火山泥石流，阿尔梅罗镇 23008 人丧生，被认为是 20 世纪除培雷火山灾难之外的第二大"死亡喷发"。

火山喷发还对空中飞行器造成影响。1982 年印尼加隆贡火山爆发，喷出的火山灰弥漫广大地区和空间大气层，喷发柱高达 50 千米。一架波音客机四台引擎因吸入火山灰而失灵，飞行员设法重新发动了其中一台引擎，才使飞机脱离险境而免于坠毁。阿拉斯加火山喷出的火山灰降落在安克雷奇机场上，客机的双翼因不堪湿火山灰的重压而遭破坏。皮纳图博火山 1991 年喷发的火山灰降落到美国在菲律宾的空军基地，使其所有飞机停飞并被迫关闭了该基地。因此，所有航线都应考虑火山灰进入高空殃及飞行器的问题。其中阿拉斯加和狭长的阿留申群岛属太平洋"火环"的北部，每年有至少 5 座火山强烈喷发。而在这个经常有火山喷发的地区，每年有欧美及亚洲的几万架次航班通过，平均每天通过旅客近万人，成为全球最繁忙的空中走廊之一。因此从 1993 年以来美国在阿拉斯加建立了一个全球最大也是最先进的火山观测中心，它可同时观测 20 多座最大的火山活动状态。

火山喷发特别是强火山喷发喷出的有毒气体 CO_2、SO_2、HC_2、HF、H_2S 等对低层大气环境的有害影响显而易见，炽热的火山灰和火山碎屑流对火山周围的野生动物、森林植被和生态环境有毁灭性打击，而强火山喷发由喷发柱进入高层大气圈会对全球气候变化产生影响。1783 年冰岛拉基火山和日本浅间山火山喷发使欧洲、美洲在随后几年中变得寒冷。阿拉斯加火山群由于强火山喷发频率高，进入高空的炽热火山气体和火山灰，形成特殊的高压气带，从而给全球大气环流造成影响。此外，进入高层大气圈的有害火山气体还会破坏臭氧层。1991 年皮纳图博火山喷发对南极上空臭氧洞的扩大（15%～25%）就负有责任。因此，强火山喷发是全球气候变化中不可忽视的一个外强迫因子。

[九、其他行星及卫星上的火山]

由太空探测获得的资料显示，火山活动是太阳系许多行星最重要的地质作用。已知太阳系中许多行星的地表布满坑洞（环形山），但只有少数是火山口，其他大多是由陨石撞击造成的。和地球一样，月球、金星和火星上也有由火山作用形成的地貌。

火星上的火山　火星表面有许多大小不同的陨石撞击坑，南半球高而崎岖不平，北半球低而平坦。火星上的奥林帕斯山是一座宽约 540 千米、高约 21 千米的死火山，它不但是火星上的最高点，更是太阳系中已发现的最大火山，总面积相当于美国的亚利桑那州。火山斜坡缓慢上升，坡度极小，照片上清楚地显示叠层环形分布于火山口四周的熔岩，这或许说明此火山是经历过多次喷发形成。火山顶部巨大的破火山口中还有一连串叠套的破火山口。在同一区域长达 2000 千米的塔尔西斯高地上，还有其他类似于奥林帕斯山的大型火山。

木卫一上的火山喷发　太阳系中最大的行星——木星有许多卫星，其中木卫一经常发生火山喷发，喷出硫云，它是已确知在太阳系有活火山的几个天体之一。木卫一有一层很稀薄的大气，其中一部分是 SO_2。1977 年美国发射"旅行者"1 号和"旅行者"2 号两艘飞船，共拍到 8 张木卫一照片，发现该卫星上有大约 200 个破火山口，有些看起来像熔岩湖。同时还发回普罗米修斯火山爆发的情形，火山喷出高达 160 千米的火山气团，由于该卫星的引力很小且没有大气层，这些喷发物都逃逸进入太空中。1979 年"旅行者"1 号太空探测器测得木卫一上有 9 处火山喷发。这是除地

"旅行者"号

球外，已确定存在喷发的活动火山的行星。

海王星上的"冷火山" 1989年据美国"旅行者"2号太空探测器发射后的12年传回的资料。海王星的8颗卫星中，海卫一是已知卫星中最大的一颗，大小几乎与月球相当，具有由氮和甲烷组成的极稀薄的大气，其表面温度为-240℃，被冰雪覆盖，其中分布着为数不多的陨石坑及一些山峦起伏地带。在一些圆锥形凹坑中有暗色条纹上升，科学家认为它可能是由火山喷出的氮气造成的。氮在极寒冷气候条件下变成了液体，即海卫一喷出的不是热岩浆而是液氮。

金星上的火山 金星外面有一层云环绕，云中主要含有浓硫酸微滴，表面温度高达460℃左右。麦哲伦太空船运用雷达波穿透金星浓密的云层，拍摄到假彩色照片。从照片中可以看到隐藏在云层下的大型火山和陨石冲击坑。这些火山都是以女性命名的，如希芙火山和姑拉火山。

月球上的火山 月球是离地球最近的天体。1979年，美国两艘"旅行者"号太空探测器相继传回的一些照片显示月球表面布满了红、黄、橘及褐色的斑点，即大部分为火山形成的环形山，是月球火山活动停止后，硫黄在逐渐冷却、凝固过程中呈现出的颜色。富铁或富钛的月海玄武岩则是在距今39.5亿～31.5亿年前由月球内部局部熔融而喷发的火山熔岩。

［十、火山监测与减灾对策］

活火山，特别是那些具有潜在灾害性喷发的危险火山，必须置于火山监测技术的监视之下。20世纪80年代以来，通过对一些活火山的监测，已观测到其地球物理和地球化学上的变化，获取了喷发前的前兆信号，对预报喷发事件取得很大进展。在火山地震震源过程的解释和岩浆补给系统的模拟，以及对喷发动力的了解和对喷发前兆演化等方面也已取得相当程度的进展。如对夏威夷基拉韦厄和日本樱岛火山非爆炸式火山喷发的预报，对美国圣海伦斯火山、日本有珠火山和菲律宾皮纳图博火山爆炸性喷发的预报，以及 1998 年 7 月 11 日印尼默拉皮火山喷发前的预报等，大大地减轻了火山灾害损失。但目前还不存在预报火山喷发的某种简单唯一性的规律，离精确预报喷发仍有较大距离。反常的地球物理信号和错误的警报仍然较高，对导致喷发的物理的和化学过程的了解仍然有限。如岩浆侵入和岩浆喷发在地震表现上很难区分；同一火山不同深度的震源可以产生非常类似的地震曲线；同一火山不同次喷发也可出现不同的前兆信号；经过长期静止之后的那些近代喷发的火山，所观测到的前兆十分不同；一些大的破火山口显示频繁的骚动信号，但绝大多数不是喷发前兆，这增加了处理破火山口喷发前兆的不确定性。

全球有大约 1500 余座在全新世（10000 年前）以来至少有过一次喷发的活火山（据 Simkin 和 Siebert，1994），其中 500 多座火山在历史时期喷发过。在这些活火山中，只有少数（大约 150 座）火山被不同程度地监测。全球每年大约有 50 座火山喷发，其中 6% 造成了火山灾害。显然，人们无法预报那些未被监测的火山的未来喷发。为唤起国际社会对高危险火山的更多了解和关注，国际火山及地球内部化学协会（IAVCEI）为配合"国际减灾十年"计划（IDNDR）设计和执行"十年火山计划"（1990～2000），科学家们从全球精选出一小部分活火山，列入了"十年火山计划"。

由于靠近大城市的火山喷发将带来极其严重的火山灾害，时任 IAVCEI 主席格兰特·黑根向国际大地测量和地球物理学联合会（IUGG）提议将 2001～2010年定为"国际城市地球科学十年"，并建议每个国家至少选出一个"十年城市"，这个计划当然也包含城市火山在内。全球有超过 50 个城市靠近潜在火山喷发的火山或火山群，其中有两个特大型城市是马尼拉和墨西哥城。处于将来火山喷发危险之中的人数超过 5000 万。对于像靠近墨西哥城的波波卡特佩特尔火山，靠近马尼拉的塔尔火山，以及位于 170 余座火山组成的火山群中的奥克兰市等这样一些大城市，火山的监测和预报以及减灾对策应给予特别的关注。越来越多的火山学家正在进行有关城市交通运输、能源、通信、地下水分布和公众健康状况等数字模型方面的灾害研究。对城市火山危险性评估在很大程度上依赖于对火山喷发物理过程及结果的模拟和想象，这样就容易被突发事件受理者、保险业、政策制定者和公众所接受。

在全球建立的火山观测所中，较普遍采用的火山监测技术是火山地震学方法（92％的观测所采用），地形变测量（71％）和火山气体地球化学观测（55％）。大约有1/3的火山观测所还设有地热和地温场观测，重力及电磁监测。以预报未来喷发和减轻火山灾害为目的的火山监测，要求在对被观测的火山进行详细的火山学研究，对该火山过去的喷发历史有详细了解的基础上进行。对它们的喷发历史追索得越久、越详细，对预报未来喷发越有用。此外，还应当对岩浆的物理化学性质和补给岩浆系统几何学及深部岩浆构造条件有较充分的了解。

火山喷发前兆　火山构造地震或高频地震群，可作为喷发的长期或中期前兆，它反映岩浆压力变化产生的应力上升。低频地震和火山颤动反映火山−流体系统内部向上的运动，是比较可靠的喷发短期前兆。临近喷发的短临前兆有地下深处传来不同寻常的噪声、升起火山黑云等。如日本富士山和有珠山，巴布亚新几内亚拉明顿火山，冰岛拉基火山等，在喷发前都有明显的前兆。当岩浆上升并向近地表运动时，或者由岩浆上升导致浅层地下水热活动时，在地表可产生某些可测量出的变化。如地裂缝加宽，土壤或地表沉积物发生弯曲褶皱或上冲，出现岩石滚落或滑坡，火山顶部或侧翼出现大规模隆起等。最大的地形变发生在火山喷发之前，当岩浆压力因喷发而下降甚至完全解除时，则地形变趋向于回到它早先的位置。

大多数火山都含有刺激性臭味的亚硫酸气和臭鸡蛋味的硫化氢等硫气型火山气体。对其气体的异常增加或减少等综合分析，可作为喷发前兆与地震前兆和地形变前兆，并确定其处于喷发前兆的何种状态。富含碳酸气的称为碳酸气型，一般是衰老乃至死火山区居多，但在一些活火山也可出现含量异常增加，甚至形成CO_2喷气等，如1986年喀麦隆尼奥斯的CO_2喷气。那些有火口湖的火山，异常增加的火山气体与湖水反应，将使湖水的pH值发生变化而成为酸性湖水，如卡

瓦伊真火山口湖水。

此外，如地下水位的异常变化，测量火口湖水中 Mg/Cl 比值和硫酸盐的浓度变化，也可考虑作为一种前兆指示。大部分火山区的气体来自火山下方深部的岩浆，因此火山气体含量的异常变化作为一种重要的喷发前兆而受到重视。

火山监测方法　地震方法是一种重要而有效的监测火山活动和预报喷发的工具，是大多数火山监测的支柱。但是，只有与其他方法如地形变测量、气体取样、水化学监测与火山学研究结果相结合时，才是最有效的。

还有一些其他的火山监测方法：①卫星红外监测技术。火山喷发本质上是地球内部热物质通向地壳的热发散，这些物质在通向地表过程中的热活动很容易被每天都在高空游弋的卫星热红外仪器所捕捉到。②合成孔径雷达干涉测量。使用星载雷达的相位信息，以应用于地面点的高程及其动态变化测量。能全天候获得地面的三维信息，空间分辨率高，具有比 GPS 更高的地形变化测量精度。③实时地震振幅测量。用于火山地震的快速分析工具。④密集阵列宽频带地震仪连续观测。这种先进的技术，与高灵敏钻孔应变观测、应力-应变测量相结合，有利于改进和查明喷发前兆信号。

火山灾害预测　重点是预测火山灾害发生的时间、地点、规模和灾害类型。不同的喷发类型会产生不同的火山灾害类型，而不同的喷发规模则涉及灾害范围。这要求火山的监测台网提供尽可能准确的中期（数月至一年）和短期（数周至数天）警报以及可能的喷发类型和规模，同时要求对该火山在历史上多次喷发的类型和规模及不同类型喷发物的分布范围有尽可能详细准确的研究资料，还要求对火山周围居民村镇的分布、工农业、能源供应、交通通信，水库、河流等人文地理公共设施有基本的了解，并表示在灾害预测图上。在此基础上作出该火山区未来可能发生喷发的火山灾害预测或者灾害区划图，在图上应表示不同灾害类型影响的范围和可能的受灾程度和等级。这样的火山灾害预测或灾害区划图是制定火山减灾对策的基本依据。

火山减灾对策　当监测资料显示必须发出火山喷发警报时，必须及时向政府及主管部门报告，由政府和主管部门组成包括有火山学家参加的减灾对策指挥机构。减灾对策的内容包括：地区隔离限制，居民撤离顺序，人员、财产转移，紧急避难场所的开辟，交通、通信的保证，水、食物、居住场所的安排，卫生医疗条件的保证，临时营救措施等。实际上，对于那些高危险火山，早在警报发出前就应对该火山区的工、农、林业和旅游设施布局，根据灾害区划图作出必要规划和限制，紧急避难场所也应在警报发出前就已规划出来。减灾对策中最重要也是最容易被忽视的是对社会公众，特别是对火山危险区公众，进行有关火山及火山灾害、减灾对策的宣传教育。火山学家应通过同政府官员的会谈对话，与新闻媒体的对话及由此产生的报道，举办有关的展览，向学校、机关团体和旅游者作有关讲演宣传，编写有关科普读物等多种途径，使公众了解火山喷发、火山灾害、减灾对策等基本常识。这样做的结果将是在出现火山紧急情况时，公众与政府部门和火山学家之间相互理解、相互协调一致地面对火山紧急情况，从而最大限度地减轻火山灾害。

在日本、意大利、冰岛等一些多火山国家，在多次蒙受惨重的火山灾害并与之做斗争的长期过程中，也积累了一些通过工程措施以减轻火山灾害损失的方法，如通过人工筑坝阻挡或延缓泥石流流速，或改变其流动方向；用大量海水浇灌熔岩流头部，使熔岩流停止前进等措施减轻火山灾害的损失。

[十一、火山资源]

人们常常将火山喷发与恐惧、灾难相联系，确实，火山喷发曾造成大量人员伤亡，破坏生态，产生不利于人类的局部乃至全球的气候、环境变化等严重后果。但是火山作用也赐予人类许多财富，诸如与火山作用直接或间接有关的金属、非金属矿床，地热资源和旅游资源等。火山喷发的岩浆来自地球深部数十乃至 $100 \sim 200$ 千米深部，科学家们通过对这些来自地球深部的岩浆及其所携带的不同深度岩石标本的研究，获取火山所在地区地球深部的各种信息，而这些标本

和信息是目前用钻探技术无法获取的，可见火山及火山喷发也是科学家们了解地球深部的一个窗口。因此，如何趋利避害，通过加强火山监测及喷发预报，制定切实可行的减灾对策，把火山灾害减少到最低，同时又合理地开发利用火山赐予人类的各种资源。既不能因为利用火山资源和火山周围肥沃的土壤而忽视对火山的监测，也不应因为有火山灾害威胁而远离火山，放弃对火山资源的利用。现代科学技术和火山监测技术的发展，将为达到上述目的提供保证。

火山作用与矿产资源　火山喷发是自地球形成以来一直存在的重要地质作用，许多金属与非金属矿产都直接或间接与火山作用有关。由于火山喷发的岩浆是由地下深部或急剧或缓慢地经过地壳、地幔岩浆房多阶段上升并最终喷出地表，岩浆在上升途中遇有适宜的环境和条件，就可能将其中有用组分析离出来形成矿床；或在岩浆房中分异，使有

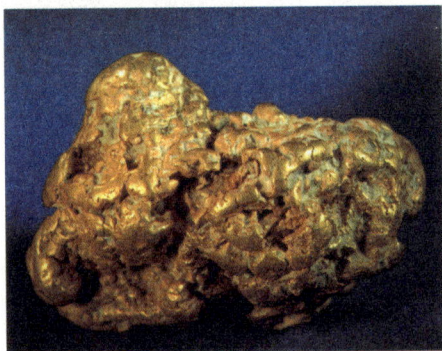

块状自然金

用组分高度富集，随后被喷出地表形成矿床；或就地逐渐冷凝形成含矿侵入体。如与细碧角斑岩有关的铜、铅、锌矿床，如南非布什维尔德铬与铂矿床，中国金川镍矿床，攀枝花钒钛磁铁矿床，产于更新世安山岩中的台湾金瓜石超大型金矿床等。哥伦比亚加莱拉斯火山1993年的喷发物中发现一条金矿脉，这可作为近代火山喷发形成金矿床的例子。全球主要的金刚石矿床，均与金伯利岩或钾镁煌斑岩的爆炸喷出有关。中国科学家在云贵交界地带发现自然铜矿床产于峨眉山玄武岩中，海南、福建、山东等地一些红宝石或蓝宝石矿，直接产于喷至地表的玄武岩中。许多火山喷发晚期往往有含硫火山气体喷出，它们会在冷凝过程中形成结晶的硫黄矿。意大利西西里岛与火山作用有关的硫黄矿，已开采了好几个世纪，多火山的印尼爪哇岛也有许多这样的硫黄矿。有许多火山喷出的喷发物本身就是可供利用的资源，如1199～1200年，中国长白山天池火山喷发，其喷出的火山

渣造就了一个巨大的浮石矿，其火山渣以多气孔、比重小、体轻坚韧而成为颇受欢迎的建筑材料。澳大利亚、新西兰等地以玄武岩作为街道、房屋及公共设施的建筑石料。韩国济州岛以多孔的火山岩雕刻成大小不同的"石头爷爷"和"海女"，不仅是旅游工艺品，也是济州岛的象征。至于由岩浆房加热使其围岩中有用组分活化迁移而富集成矿的实例更多。与火山作用直接或间接有关的矿产资源为人类物质文明的发展和进步作出过重要贡献。

火山地热资源　火山喷发是地球内部热能在地表的一种最强烈的显示。火山与地热经常共生，这是因为火山下面高温的岩浆房可以将循环的地下水加热，被加热的地下水或储集于地下，或喷出地表形成温泉、沸泉、间歇喷泉、蒸汽喷气孔或沸泥塘等，像冰岛、日本、新西兰北岛，既多火山，而与之有关的地热资源也很丰富，它们除被用于日常生活和种植业等外，还用来发电成为最清洁的能源。在冰岛，地热发电约占总量的30%；日本也建有多座火山地热电站，日本北九州八丁原地热电站发电量就很大；中国云南腾冲火山区和长白山天池火山区也有较丰富的地热资源尚待开发。一些火山周围因分布有富含钾、磷等的火山灰而土壤很肥沃，特别有利于农业和种植业的发展，所以在印尼，居住在活火山岛屿上的居民比无火山岛屿上的居民还多。

长白山天池

火山景观——旅游资源　火山喷发虽然破坏原有的地面景观，却可塑造出新的更为壮观的火山景观。有高耸的锥形或圆锥形火山，如作为日本象征的富士山火山；神秘的熔岩隧道，如韩国济州岛长达十余千米高大宽阔的熔岩隧道；壮观的火山碎屑流峡谷，如中国长白山鸭绿江峡谷和锦江上游的峡谷；还有清澈的火口湖和火山堰塞湖，如新西兰的陶波湖，美国俄勒冈州的梅扎马山火口湖，中国的镜泊湖、五大连池等；以及由火山熔岩和其他喷发物所形成的千姿百态的火山

熔岩景观，再加上火山温泉、瀑布，像美国黄石火山那样的间歇蒸汽-水喷泉；还有火山周围由火山灰形成的富钾和磷的肥沃土壤，既有利于种植业的发展，也可形成茂密的森林。所以像美国、日本、新西兰等多活火山国家，以火山或火山景观为主要内容的国家公园占有很大比例。中国的镜泊湖、五大连池和腾冲火山区，也都以其奇特的火山景观而吸引众多游客，其中有的也已辟为国家地质公园，实际上都是典型的火山公园。

火山景观

火山景观

第二章　世界火山

［一、埃尔奇琼火山］

　　位于临近危地马拉的恰帕斯州，海拔
2225 米。喷发前这座 1250 米高、被森林覆
盖的层火山被认为是自更新世以来就未活动
过的死火山，但于 1982 年 3 月 28 日子夜突
然喷发，最猛烈的喷发发生在 4 月 4 日，并
持续了几个小时。这次喷发加上前几天的喷
发，进入高达 20 千米高层大气的火山灰云，
使当地天空黑暗了 44 小时。之后火山灰云
向东北方向飘浮，并迅速扩展形成巨大的由

埃尔奇琼火山所在地——危地马拉

火山灰和硫酸气溶胶组成的高空云层，从墨西哥一直延伸到沙特阿拉伯上空，云
层厚达 3000 米，以后形成一条从赤道地区至北纬 30° 的浓密条带环绕地球。观测

表明，这次喷发使达到地面的阳光总量减少 5%～10%，导致全球平均气温下降了 0.2℃。由于这次喷发发生在比较完善的现代观测系统的条件下，科学家可以更好地对强火山喷发引起大气环境气候效应进行系统的研究。

危地马拉伊萨瓦尔湖风光

研究证明埃尔奇琼火山 1982 年喷发对全球气候变化产生了不容忽视的影响。从 3 月 28 日到 4 月 4 日的喷发共造成 3500 多人死亡，数千人流离失所，被毁的咖啡园和可可树损失达 5500 万美元，50 万头牲畜因缺乏食物而濒临死亡，90 口油井中断钻探工作，直接受这次火山灾害影响的人数达 15 万。

[二、帕里库廷火山]

位于墨西哥米却肯州西部，海拔 2775 米，是地球上最年轻的火山之一。1943 年 2 月 20 日该火山在几个村民的注视下从玉米地里生长起来。最初他们看到一条北西—南东方向的地裂隙逐渐扩展并有声响，随后响声增大并有轻烟冒出，发出硫黄气味，逐渐地从裂隙中闪出火花，入夜时伴随着轰鸣声，喷出了炽热的火山弹。21 日中午火山锥已有 30～50 米高，并流出渣状熔岩。第一年火山升高达 450 米。帕里库廷火山喷发持续到 1952 年。一共喷出 1.3 立方千米火山灰和 0.7 立方千米熔岩。这个新火山的形成和喷发烧毁掩盖了帕里库廷村等 2 个村庄及数百座房屋，死亡约 500 人。

[三、奥里萨巴火山]

墨西哥中南部火山，又称锡特拉尔特佩特火山，位于墨西哥高原南部横断火山带，韦拉克鲁斯州和普埃布拉州交界处，奥里萨巴城附近。海拔约5610米，为墨西哥最高峰。1848年探险者首次登上峰顶。山体呈圆锥形，峰顶有3个火山口。自1687年喷发以来一直处于休眠状态。海拔4420米以上常年积雪。植物分布垂直差异明显，低坡地带种植香蕉和咖啡。

[四、波波卡特佩特尔火山]

墨西哥中南部火山。因印第安人称其为波波卡特佩特尔（意为烟山）而得名。位于墨西哥州与普埃布拉州交界处，墨西哥高原南部横断火山带，西北距墨西哥城72千米。海拔5419米，为墨西哥第二高峰。火山口直径800米，深150米。1519年探险者首次登上顶峰。16～17世纪经常喷发。最近一次喷发在1927年，现火山口仍不时冒出大量烟雾。

[五、科托帕希火山]

厄瓜多尔境内火山。世界上最高的活火山之一。位于中北部安第斯山脉北段东科迪勒拉山脉，在拉塔昆加东北35千米和基多东南40千米处。海拔5897米。山口呈椭圆形，直径550～800米，深250米。山体呈圆锥形，坡度约30°，基座直径15千米。形成于更新世中期，距今约100万～20万年。2400年前常年积雪线在4000米高度，后因气候变暖退至4900米。经常被云雾遮盖。500年来，喷发频繁。炽热熔岩使冰层融化，形成泥石流，多次淹没奇略斯和拉塔昆加等附

科托帕希火山风光

近的河谷。1533～1904年间大喷发14次。1877年火山曾喷发4次，其中6月26日的喷发规模巨大，炽热的岩浆四溢，最大的一股穿过埃斯梅拉达斯，流入太平洋，另一股向南吞噬了半个拉塔昆加山村。这次喷发夺去几百人的生命，破坏了大量基础设施和农田。最近一次大喷发在1975年。目前，火山仍常喷发出熔岩，厄瓜多尔地球物理研究所的科学家常年在火山地区进行考察和观测。1872年11月28日，德国科学家和旅行家W.赖斯首次登顶成功。

［六、鲁伊斯火山］

哥伦比亚安第斯山脉最北部的活火山。火山为安山岩层组成，呈椭圆形，北—北东走向，海拔5321米，顶部被冰帽覆盖，火山表面积约21平方千米。1595年和1845年顶部火口喷发，融化了冰雪，产生了泥石流。1845年喷发造

成 1000 人死亡。1985 年 9 月 11 日在经历了最初的小规模蒸汽喷发并引发火山泥石流之后，11 月 13 日 15 时火山口突然喷出火山灰，持续近 14 分钟，21 时出现岩浆爆炸，喷发持续约 1 小时，火山碎屑和灼热的火山灰融化了火山顶部的冰帽，由此触发形成火山泥石流。22 时 35 分，泥石流达到距火山口几十千米的阿尔梅罗镇，造成全镇 3.5 万人中有 23008 人丧生。火山周围的桥梁、道路、电网和高架渠全被破坏，同时 60 % 的家畜、30 % 的庄稼以及 5000 万袋咖啡遭损失，2400 公顷良田被湮没，破坏 50 所学校、2 家医院、5092 间房屋、58 个工厂和 343 家商店，金鸡纳国家咖啡研究中心被毁坏。这次喷发共造成 2.5 万余人死亡，7700 人流离失所，财产损失超过 10 亿美元，被认为是 20 世纪除培雷火山灾难之外的第二大"死亡喷发"。哥伦比亚政府应为此次灾难负责，因为他们忽视了科学家们事先发出的警告。

［七、基拉韦厄火山］

美国夏威夷岛活火山，位于岛东南部，西北距冒纳罗亚火山约 32 千米。属夏威夷火山国家公园。海拔 1247 米。其山顶部塌陷，形成长约 5000 米、宽 3000 米的浅洼地，即所谓破火山口，面积约 10 平方千米。现最活跃的喷火口在该浅洼地的西南角，直径约 1000 米，深 400 米，当地人称"赫尔莫莫"，即"永恒的火焰宫"之意。喷发活动频繁，自 20 世纪 20 年代以来，多次发生大规模熔岩喷发，如 1959 年曾创下熔岩火泉喷发高度达 580 米的夏威夷最高纪录，1983～1984 年火山喷发达 17 次之多，熔岩流甚至往南直泻大海。即使在喷发间隔期仍冒着白烟，不时火星四溅。基拉韦厄火山是研究火山活动规律的理想之地，1912 年在其附近建起世界上第一座火山观察站。

夏威夷基拉韦厄火山熔岩

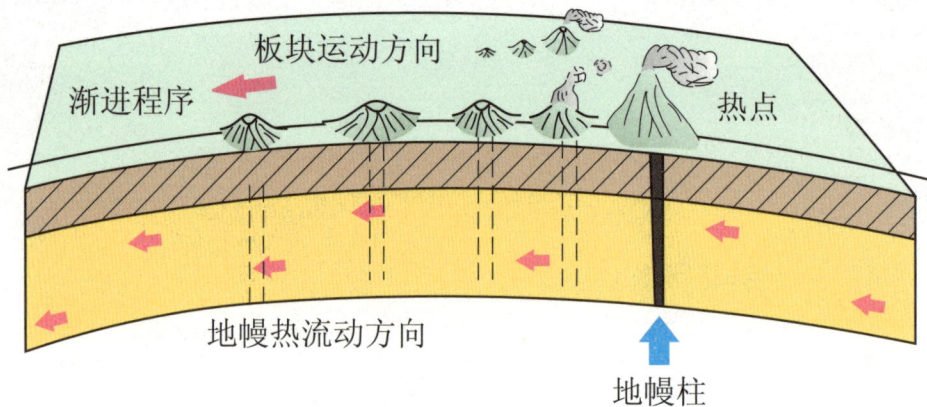

板块运动方向

渐进程序

热点

地幔热流动方向

地幔柱

夏威夷皇帝海岭火山链形成过程图示

夏威夷火山国家公园

美国夏威夷岛东南部火山区的国家公园。1916 年始建自然保护区。1961年正式辟为国家公园。面积 849 平方千米。1987 年被联合国列入《世界遗产名录》。为世界上为数不多的向游客开放、可目睹火山喷发奇观的地方。园内有冒纳罗亚和基拉韦厄两座著名活火山，喷出基性玄武岩质熔岩，属盾形火山。冒纳罗亚火山自 1832 年以来平均每隔 3～4 年喷发一次。现海拔 4170 米，为当今世界上体积最大的活火山。基拉韦厄火山在前者的东南侧，海拔 1247米，喷发更为频繁，即使在"平静期"也冒着白烟，火星四溅。除熔岩流分布区景象荒芜外，园内许多地方仍然洋溢生机，尤其是面迎东北信风的山坡，林木繁盛，栖息各种野生动物，如野山羊、野猪、雉、鹌鹑等，还有当地特有的夏威夷鹅、夏威夷长鹬等。基拉韦厄火山附近建有世界上第一座火山观察站（1912），研究人员已基本摸清两座活火山的活动规律，能正确预报火山喷发的时间、地点和熔岩流向。为游客专设封闭的透明观察台，以就近观察火山喷发奇观。在基拉韦厄游客中心设有火山博物馆，展示过去火山喷发记录和有关火山的科学知识。

[八、冒纳罗亚火山]

世界上体积最大的活火山，位于美国夏威夷岛中南部，属夏威夷火山国家公园。海拔4170米，若从太平洋海底基座起算，则达8800多米，堪与珠穆朗玛峰并肩。喷出基性玄武岩质熔岩，堆积成平缓的穹隆状山体，底部宽，坡度小，体积大，为典型的盾形火山。自1832年以来平均每隔3～4年喷发一次，山体逐渐增大增高，不断涌出的熔岩累计覆盖全岛一半以上面积。山顶的火山口当地人称"莫库阿韦奥韦奥"，意为"火烧岛"，方圆约10.4平方千米，深152～183米。除火山口喷发外，也有沿东北或西南裂隙的喷发。

[九、康塞普西翁火山]

尼加拉瓜最大湖泊尼加拉瓜湖湖岛上的火山，坐落在奥梅特佩岛上。火山锥海拔1610米。1956、1977和1983年3次爆发，至今仍经常引起该岛及尼加拉瓜湖西岸居民的恐惧。岛上土地肥沃，森林密布；盛产咖啡、棉花和烟草。有数万居民。主要城镇是阿尔塔格拉西亚和莫约加尔帕。康塞普西翁火山为尼加拉瓜湖主要的旅游点之一。

尼加拉瓜湖中的火山

尼加拉瓜湖

尼加拉瓜和中美洲最大湖泊，又称大湖，位于尼加拉瓜西南。湖区原为太平洋海湾，因火山喷发与海洋隔绝而成湖，印第安人称科西沃尔卡湖，即甜海之意。湖呈椭圆形，长160千米，平均宽60千米，面积8157平方千米。西北与马那瓜湖相连的蒂皮塔帕河长60千米，为最大水源河流。湖水经圣胡安河注入加勒比海，流域面积28000平方千米。湖内有大小岛屿300多个。最大的奥梅特佩岛面积276平方千米，有两座火山锥，其一高达1610米。湖西北的萨帕特拉岛是重要的考古发掘地，岛上的印第安古庙遗迹和各种石雕神像远近闻名。湖内可通航，沿岸多湖港和城镇，格拉纳达就坐落在湖的西北岸。湖上火鸟云集，湖内多鱼、虾、鳄、鳖等，是世界上唯一有淡水海鱼的湖泊，淡水海鱼公牛鲨、海鲢和锯鱼举世闻名。大小鳖群爬上礁石岸边晒太阳，亦为湖中一景。

格拉纳达（尼加拉瓜）市容

[十、莫莫通博火山]

尼加拉瓜火山，位于该国西部马那瓜湖西北同名半岛上，山锥高 1280 米。1609 年曾剧烈喷发，山麓处西班牙殖民者早期修建的莱昂城被摧毁掩埋。1902、1905 年亦有轻微喷发，至今仍在冒烟。其火山锥是尼加拉瓜最美、最陡峭的火山峰，被印第安人尊为"诸神居住的灵山"和"英雄酋长尼加拉奥的化身"。由于出海的渔民很远便可根据其烟柱判断方位，又被作为"太平洋的灯塔"。在莱昂城的废墟中先后发掘出西班牙征服者 F.H.de 科尔多瓦和佩德拉里亚斯（1440 ~ 1531）的骸骨。2000 年被联合国教科文组织作为文化遗产列入《世界遗产名录》，火山和废墟也因此成为最著名的旅游景点。

[十一、培雷火山]

加勒比海马提尼克岛上的活火山，位于岛北部，海拔 1397 米。因顶部为光秃熔岩而得名（法语 Pelée 意为"秃头"）。东加勒比海诸岛中活动最频繁的火山之一。山体由火山灰和熔岩构成。有坡度较缓的火山锥和许多深谷，周围生长着茂密的森林，山麓土壤肥沃。自 1635 年建立殖民地以来共喷发 5 次。1792 年和 1851 年两次发生轻微喷发。1902 年 5 月 8 日剧烈喷发，使其南 6 千米的圣皮埃尔全城被毁，约 3 万人丧生，只有关在坚固地牢里的一名囚犯幸存。喷发物覆盖了全岛 1/6 的土地。因此次喷发具有其独特性，学术界将此类火山灰、气体及炽热的火山云的喷发命名为培雷式喷发。1902 年 8 月 30 日再次喷发，又毁灭了两个村镇。最近的一次是在 1932 年。

[十二、圣安娜火山]

萨尔瓦多中部的活火山，位于内科迪勒拉山系的科斯特拉山脉，松索纳特市以北约 16 千米。海拔 2381 米，为全国最高的活火山。1520 年首次喷发，至 1920 年共喷发 12 次。火山高度仍在增加。有火口湖。1956 年法国探险队首次对该火山口进行考察。

[十三、塔胡穆尔科火山]

危地马拉西南部死火山，属马德雷山脉，位于圣马科斯省中部，西距墨西哥边界 20 千米。海拔 4220 米，为中美洲最高峰。主要由安山岩、玄武岩构成。周围覆盖有硫黄堆积物。火山东南部是圣马科斯城，为登山的出发地。

塔胡穆尔科火山

［十四、圣海伦斯火山］

美国西北部火山，位于华盛顿州西南部，喀斯喀特山脉中北段。海拔 2950 米。1857 年起处于休眠状态，1980 年 3 月 27 日火山突然复活，间歇出现喷发活动，5 月 18 日清晨，一次地震导致山北崩塌和滑坡，引发了美国历史上罕见的强烈火山爆发。烟云直冲 1.9 万米高空，火山灰随气流扩散至 4000 千米以外。附近河流被堵塞、改道，道路被湮没。岩浆引起森林大火，周围几十千米内生物绝迹。山地冰雪大量融化，形成汹涌的急流，加之上升气流中大量水汽在高空凝结，暴雨成灾，冲刷下的火山灰形成泥浆洪流，毁坏沿途农田和一切设施。57 人在这次火山爆发中丧生。原火山锥顶部崩坍，出现一马蹄形凹陷，深 750 米。此后该火山仍处于活动中，有多次喷发。最后一次喷发在 1991 年。火山海拔高度已降为 2549 米。1989 年建立圣海伦斯山国家火山保护区。

[十五、圣米格尔火山]

萨尔瓦多东部的火山，即查帕拉斯蒂克火山，位于内科迪勒拉山系的科斯特拉山脉，圣米格尔城附近，西北距圣萨尔瓦多110千米，海拔2129米。火山口深150米，周长约3千米，为中美洲最宽的火山口。有两层喷发口，经常有白色烟柱从火山口冒出，红、黑色熔岩流呈蛇纹状凝固在周围。

[十六、伊拉苏火山]

哥斯达黎加最高的间歇性活火山，位于中部伊拉苏火山国家公园内，西南距首都圣何塞25千米。海拔3432米，为许多河流的发源地。历史上曾发生多次喷发，1723年的一次喷发摧毁了山麓城镇卡塔戈。1963和1966年又发生两次猛烈喷发，几乎完全毁坏了周围的农田、房屋，首都圣何塞也被火山灰覆盖。最近一次喷发是在1978年，形成一个直径1050米、深300米的火山口，火山口中间有一小湖，湖水平静如镜，呈灰绿色，水温高达80℃，含有大量硫化氢。伊拉苏火山是哥斯达黎加重要的火山旅游景点之一。

伊拉苏火山

[十七、伊萨尔科火山]

　　萨尔瓦多松索纳特省的
活火山，位于内科迪勒拉山
系的科斯特拉山脉。伊萨尔
科城东北。距省会松索纳特
市约 16 千米，距太平洋岸
40 千米。海拔 1830 米。它
是萨尔瓦多最年轻的火山，
中美洲最活跃的火山。1770
年首次喷发，此后至 1952 年

伊萨尔科火山

至少喷发 50 次，山体不断升高。最近一次喷发是在 1980 年。火山喷发期间，沿
岸过往船只也能见到火光，被作为"太平洋上的灯塔"。附近建有旅馆和观火台，
周边是美丽的咖啡种植园。

[十八、别兹米扬火山]

　　俄罗斯堪察加半岛活火山，海拔高度 2882 米。有记录的喷发 15 次。
1955～1956 年的喷发是有史以来最大的培雷式喷发之一。猛烈的喷发使火山锥
崩塌，由 3103 米降到 2817 米，喷发灰云上升至 45 千米高空，500 平方千米范围
内火山灰融化积雪形成泥石流，带着重达数百吨的巨石摧毁了山谷中的一切。三
周后，仍能见到灰流表面数以万计的喷气孔，被称为堪察加半岛的"万烟谷"。
因无人居住，此次喷发未有人员伤亡。1997 年 12 月发生爆炸喷发，火山灰云向
东飘至 250 千米处。1999 年 2 月又发生持续时间极短的爆炸式喷发，火山气体和
灰云柱升到 8 千米高空，对飞越这一地区的飞机产生极大威胁。2002 年和 2003

堪察加半岛上的火山口湖

年仍有爆发。2004 年 1 月 14 日，一次较大规模的爆炸喷发产生了 7 千米高的火山灰柱，岩穹继续生长，火山上空的蒸汽柱约 100 米高。

[十九、华纳达尔斯火山]

冰岛最高峰，海拔 2119 米。位于冰岛东南部瓦特纳冰原以南（北纬 64°01′，西经 16°41′）。火山南麓山脚直抵冰岛南部海岸。为人类史上无喷发纪录的死火山。最高峰挺立于老火山口之上，附近有数座高度相近的山峰。1891 年由 F.W. 豪威尔、P. 杨森和陶尔拉克森三人首次登上山顶。现有海岸公路通过山脚。最佳登山季节是每年的 7 ～ 11 月。

[二十、埃特纳火山]

欧洲海拔最高的活火山。位于意大利西西里岛东北部，南距卡塔尼亚 25 千米。海拔 3323 米（20 世纪 90 年代后期），基座周长约 150 千米，面积 1600 平方千米，以世界上喷发次数最多的火山著称。

史载首次喷发距今已有 2400 多年，估计喷发 200 多次。1669 年的喷发持续 4 个月之久，喷发熔岩约达 8.3 亿立方米，使卡塔尼亚等附近城市约 2 万人丧生。20 世纪以来已喷发十多次，特别是 1979 年起，连续 3 年都有喷发活动。1981 年 3 月 17 日的喷发是近几十年来最猛烈的一次，从海拔 2500 米的东北部火山口喷出的熔岩夹杂岩块、砂石、火山灰等，掩埋了数十公顷树林和许多葡萄园，毁房数百间。

埃特纳火山山坡植被垂直分带明显。海拔 900 米以下，土壤肥沃，多已垦殖，广布葡萄园、橄榄林、柑橘园和樱桃、苹果等果园；900～1900 米的森林带，

埃特纳火山景观

有栗树、山毛榉、栎树、松树、桦树等；海拔 1900 米以上，满布火山堆积物，仅有稀疏的灌木；山顶常积雪。900 米以下的山坡及山麓为人口稠密区，有许多村庄和城镇，建有盘山公路和缆车，供旅游者登山观赏火山胜地。山上有纪念罗马皇帝哈德良攀登埃特纳火山的遗迹。

[二十一、克柳切夫火山]

克柳切夫火山喷发

俄罗斯远东地区堪察加半岛上的活火山，为亚欧大陆最高的活火山。海拔 4750 米，为堪察加半岛的最高点。由安山岩-玄武岩组成，属层状火山类型。外形为一火山锥，中央为火口，山底部附近有 84 个侧火口及火山锥，山坡有喷气孔和硫气孔，山顶为积雪和冰川。山麓建有火山观测站。1700 年以来先后发生过 50 多次强烈喷发，其中最近一次喷发为 1972～1974 年。

[二十二、苏弗里耶尔火山]

法国海外省瓜德罗普活火山，位于西印度群岛巴斯特尔岛南部。海拔 1467 米，是瓜德罗普的最高点，也是小安的列斯群岛的最高峰。1976 年 8 月喷发，因当局事先从该地区撤走了约 7.2 万人，没有造成生命损失。1977 年 1 月又有几次轻微喷发。

［二十三、维苏威火山］

欧洲活火山，位于意大利那不勒斯市东南的那波利湾畔。海拔 1280 米（1980），每次喷发高度都有变化。起源于地质史上的更新世后期，迄今仅约 20 万年，为较年轻的火山。原系海湾中小岛，后经一系列火山喷发，堆积的喷发物才将其与陆地

庞贝城废墟

连成一体。基座周长约 50 千米，上有两个峰顶，其中较高者即维苏威火山锥。火山口是内壁直立的大圆洞，火口深约 305 米、直径 610 米，于 1944 年喷发后形成。火山活动可分为喷发期与静止期，前者一般持续 0.5 ～ 30.75 年，后者为 1.5 ～ 7.5 年。公元 79 年的大喷发，附近的庞贝和斯塔比亚两城全部被火山灰和火山砾湮没，赫库兰尼姆城也被泥流埋没。直到 18 世纪中叶，庞贝城才从火山

那不勒斯鸟瞰

灰砾中被发掘出来重见天日。除 1037～1630 年长达几个世纪的停息外，维苏威火山一直处于喷发期和静止期的交替之中。1631 年 12 月 16 日的大喷发，5 座城镇被毁，约 3000 人死亡。1660～1944 年间共经历 20 次大喷发。1964

维苏威火山口

年 5 月 11 日的喷发表明维苏威火山进入了新的喷发期。

　　维苏威火山在火山灰上发育的土壤肥沃，多种植葡萄及其他水果等经济作物，是意大利南部自然风景区之一。从那不勒斯到维苏威火山有电气火车，山下有缆车直达山顶火山口，旅游业颇兴旺。

［二十四、帕潘达扬火山］

爪哇岛上的稻田

　　印度尼西亚火山，位于爪哇岛西部，海拔 2665 米。爪哇人一直把此火山看成是一个安静的巨人，因硫黄冷却而使火山口岩墙呈现特征性的黄色。1772 年在没有任何先兆的情况下，该火山发生空前的大喷发，山坡上的 40 个村庄、周围的城镇、成群的牛羊和庄园消失得无影无踪。

喷发停止后，山顶出现一个冒气泡的火山口湖，山顶比原来降低了 1200 米，还出现了一片长 24 千米、宽 10 千米的沉降区。因火山碎屑流造成的死亡人数达 2960 人。历史上一共有过 3 次喷发，最近的一次是 1942 年。

［二十五、皮纳图博火山］

菲律宾吕宋岛西部活火山，位于马尼拉西北约 98 千米。该火山在沉寂了 600 多年之后，于 1991 年又开始喷发，这次喷发是 20 世纪最大的一次。喷发前，火山海拔高约 1460 米。喷发前两个月出现地下爆裂、蒸汽喷发、高频地震增多等现象，6 月 12 日火山开始了猛烈的爆炸喷发，火山灰被抛射到 25 千米高度。爆炸性喷发摧毁了部分老火山穹，并在其东南侧形成一个直径达 200 ～ 300 米的新火山口。卫星照片显示出 6 月 15 日的爆炸喷发强度达到高峰，一个 35 ～ 40 千米高的喷发柱持续了 11 个小时，大量火山灰降落到广大地区，甚至远在 2500 千米之外的越南、婆罗洲和新加坡等地也有火山灰落下。10 天后进入平流层的火山灰形成一个从印尼到中非长达 1.1 万千米近乎连续的条带，三周后分布在北纬 20°和南纬 20°之间的这个的条带已环绕地球一周。火山灰云中硫酸气溶胶比 1982 年埃尔奇

吕宋岛

琼火山喷发进入平流层的硫酸气溶胶多一倍，全球平均气温下降 0.5 ～ 1.0℃，还使 1992 年南极上空臭氧洞较以前扩大。因这次喷发事件提前作出了预报，菲律宾政府及时作出人员转移布置，避免了大量人员伤亡。但由于喷发与台风伴生，火山斜坡上的大规模泥石流向外围运移达 40 ～ 50 千米，仍有许多城镇被湮没，大量桥梁、房屋被毁。这次喷发的一个显著特点是火山碎屑流派生出许多二次爆炸火山口、喷气孔。到 10 月 15 日统计出死亡人数为 722 人，其中 281 人死于直接的喷发灾害，83 人死于二次流动的泥石流，358 人死于疾病。有近 10 万人逃离该区住在条件极差的临时帐篷里，也有一部分人因吸入火山灰和有毒气体而死亡。这次喷发的火山灰降落，迫使火山以东 16 千米的美国在菲律宾租用的空军基地关闭。1992 年 8 月末该火山再次喷发，死亡 72 人。

［二十六、马荣火山］

菲律宾最活跃的火山之一，游览胜地，位于吕宋岛东南端的比科尔半岛上，海拔 2421 米，周长达 138 千米。呈圆锥形，顶端为熔岩覆盖，呈灰白色，有"世界最完美的山锥"之称。顶端由安山岩组成，上半部几乎没有树木，下半部有茂密的森林，有的地方从山上一直到山脚下都可以看到火山迸发流出的岩浆痕迹。火山几乎不与他山相连，更显突兀雄伟。白天，火山不断喷出白色烟雾，凝成云层，遮住山头；入夜，烟雾呈暗红色，整个火山像一个巨大三角形蜡烛座耸立在夜空中，奇丽、壮观。天气晴朗时，从山腰可眺望太平洋风光。

自 1616 ～ 1968 年，马荣火山共爆发 36 次，最猛烈的一次是 1814 年 2 月 1 日，火山岩浆埋没了卡葛沙威镇，有 1200 人丧生，只剩下卡葛沙威教堂的塔尖露出地面。1993 年 2 月 2 日下午 1 时 15 分，马荣火山又爆发，喷出的火山灰最高达 4500 米。马荣火山今仍时常喷出大量烟雾。火山下土壤肥沃，风景优美。

[二十七、阿贡火山]

印度尼西亚巴厘岛的活火山，又名巴厘峰。海拔 3142 米，为巴厘岛的最高峰，当地人奉为圣山。因火山口完整，被称为"世界肚脐眼"。火山位于岛的东北部，喷发周期一般约 50 年。1963 年的猛烈爆发，为百余年来的最强一次，热浪高达 10000 米，火山灰在 4000 米高空弥漫全岛，人畜伤亡惨重，死亡约 1600 人，8.6 万人无家可归。山的南坡海拔 900 米的普拉·毕沙基庙是全岛最神圣的主庙，历史悠久，规模宏大。倚山建成约有 30 所庙宇的大寺。寺内供奉印度教的主神梵天、毗湿奴和湿婆等。附近种植沙蜡树，果实硕大，肉厚味甜，为岛上祭祀用的珍贵供物。

阿贡火山俯瞰

［二十八、拉卡塔岛（喀拉喀托火山）］

印度尼西亚活火山岛，也称喀拉喀托岛，位于苏门答腊与爪哇之间的巽他海峡。面积 10.5 平方千米，海拔 813 米。岛上的喀拉喀托火山于 1883 年 5 月至 1884 年 2 月发生一系列大爆发，以 8 月 27 日爆发最猛烈。这次爆发释放出 100

喷发中的喀拉喀托火山

亿吨当量，毁去原有岛屿体积的 2/3，抛到空中的岩石等物质达 20 立方千米左右，火山灰喷到 80 千米高空，遮蔽了日照。火山尘埃随高空气流运行，绕地球数圈，以后整整一年地平线上的朝夕日照呈现奇妙的红辉。火山灰下落地面广达 80 万平方千米，火山浮石漂浮海面阻塞船舶航行。爆炸声远达 3500 千米之外，引起强烈地震和高达 30 ～ 40 米的海啸，海水淹没附近爪哇、苏门答腊的城镇和村庄，死亡 3 万多人。喷出强烈气流引起的风暴摧毁了 1300 千米以外马来半岛吉兰丹与丁加奴两州的一部分森林。剩余的火口墙成为克拉卡托、塞尔通及朗岛三个鼎足而立的小岛，环抱的火口湖深达 274 米。1928 年火口湖中冒出一座新山峰，被命名阿纳喀拉喀托，意即"小喀拉喀托"，至 1962 年升高到 132 米。50 ～ 70 年代仍有喷发活动，平时多冒蒸汽。20世纪70年代起，供旅游、体育及科研工作者登山观察。80年代划入乌戎库隆国家公园，为公园北区。1883年的大爆发使岛上的原有生物毁灭，以后开始复苏，已有种子植物、昆虫、鸟类和爬行类动物等。20世纪50年代初，大部分已有森林覆盖，以紫红乌檀占优势。

[二十九、卡尔塔拉火山]

科摩罗群岛最高峰，活火山，位于印度洋西部大科摩罗岛南部。海拔2361米，属盾状火山，火山口周长15千米，最大直径3.2千米，深500米，是世界上最大的活火山口之一。20世纪此火山共喷发了12次，最近一次喷发在1991年。山北侧一喷火口不时喷火星、冒蒸气。整座山峰常年云雾缭绕，周围丛林茂密。

卡尔塔拉火山

[三十、默拉皮火山]

　　印度尼西亚爪哇岛上活动频繁的活火山，位于日惹以北 32 千米。火山口直径 600 米，海拔 2910 米。1006 年爆发的火山喷出物曾湮没附近婆罗浮屠、门突、普兰巴南等古迹。1006 ~ 1954 年，有史可查的爆发共 12 次，以 1867、1930 年

默拉皮火山景观

最猛烈，1930 年爆发致使 7000 多人丧生。此后至 1980 年的 50 年间爆发 25 次，总计死亡 1500 人。平均每 10 年有一次规模较大的喷发。火山接近马格朗、日惹和梭罗谷地，稻田和聚落从山麓往上分布到火山口附近，是世界上火山区农业密集型的典型。火山附近建有严密的监视设施，并兴建了 40 多处拦阻火山喷出物的堤坝。

[三十一、塔阿尔火山]

菲律宾吕宋岛西南部塔阿尔湖中的火山，火山上还有一个火口湖。火山高300米，火山口经常变动位置。据统计，1794～1911年间有多次在火山的中部喷发，形成长1.5千米，宽0.3千米的新火山口，火山喷出物形成的烟柱高达300多米，火山灰布及80千米以外的地方，喷出的物质体积达7000万立方米。在60平方千米以内，火山碎屑物堆积厚为25厘米左右。至20世纪60年代中后期塔阿尔火山仍有喷发活动。

塔阿尔湖

菲律宾吕宋岛西南部的湖泊，实际上是火山喷发后形成的火山口。湖长24千米，宽14千米，面积244平方千米，水深170米，是全国第三大湖。火山湖上突出一座300多米的塔阿尔火山。塔阿尔湖地处国家公园内，湖水经潘锡皮特河注入南海的巴拉延湾。湖区周围，风景秀丽，是菲律宾旅游和疗养胜地。

塔阿尔湖和塔阿尔火山

[三十二、坦博拉火山]

印度尼西亚松巴哇岛北岸活火山。1812 年开始喷发，1815 年猛烈爆发，山体被削去大部分，喷出 700 亿吨物质，声音远达 1600 千米之外的苏门答腊岛，火山灰连续三天遮黑了 480 千米范围的天空，爪哇岛中午如同黑夜。造成狂风、地震、海啸和地陷，附近海面上升 1～4 米，坦博拉镇沉没于海下 6 米，坦博拉山体海拔高度由原 3962 米降低为 2851 米，形成的火山口直径 6000 多米，深 700 米。爆发使 5.6 万居民丧生，3.5 万户房屋被毁。此次爆发之所以猛烈，因为喷发物中气体含量很高，达 99%（据估算约达 30～100 立方千米），熔岩仅占 1%。被认为是历史时期地球上最猛烈的火山爆发。1913 年坦博拉火山又有喷发。20 世纪末，山体海拔为 2853 米。

[三十三、福古火山]

佛得角共和国活火山，位于佛得角群岛南列岛群（背风群岛）的福古岛上，顶峰海拔 2829 米，为佛得角群岛最高峰。16～17 世纪火山活动频繁，1857～1951 年间歇后又复活动，至今未停止喷发，故以火山命名（当地语中福古即火山之意）。

福古火山远眺

[三十四、埃尔贡火山]

东非乌干达与肯尼亚交界处的死火山，在维多利亚湖东北面，最高峰瓦加加伊峰海拔 4321 米，火山口直径约 3000 米，深达 600 米。覆盖有 3200 平方千米的火山熔岩，山顶有冰积层，环绕火山口的丘陵地带常被冰雪覆盖。山坡与山麓森林茂密，有咖啡、香蕉和茶叶种植园。海拔 2450 米以上山地为森林保护地，东坡辟有埃尔贡山国家公园，面积 170 平方千米。

[三十五、喀麦隆火山]

非洲活火山，旅游胜地，位于喀麦隆西南几内亚湾沿岸，东距杜阿拉 60 千米。火山基底呈东北—西南向的椭圆形，长、短轴分别为 50 千米和 35 千米。主峰法科峰海拔 4070 米，为西非第一高峰。5～19 世纪曾多次喷发，有记录的在 9 次以上。20 世纪以来先后数次喷发（1909、1922、1955、1982、1999、2000）。1999 年的喷发从 3 月 28 日延续到 6 月 10 日，喷发口位于西南方海拔 1400 米处，除喷出大量气体和火山灰外，还形成多股巨大熔岩流，有的距林贝—伊代瑙公路 80 米，有的离几内亚湾岸边 200 米，有的直抵几内亚湾之中，最宽处 6～7 千米，伊代瑙镇和巴金吉利及巴托克两个村庄所受威胁最大。有 1000 多人被迫疏散，部分房屋被毁。2000 年的喷发从 5 月 31 日延续到 6 月 9 日，同时伴随地震，火山熔岩流长达 4800 千米。

火山地处低纬，属典型热带雨林气候，面向大西洋的迎风坡为世界最多雨的地区之一，年降水量 10000 毫米以上，山顶时有降雪。受地形影响，具有独特的热带山地景观，其垂直地带性完整：1000 米以下为典型热带雨林，往上依次为山地森林带，杜鹃矮林带，亚高山草地带和苔藓地衣带，顶端多为平顶火山锥。法科峰顶方圆仅几十平方米，几乎全被黑色火山灰覆盖。山麓人口稠密，开发程度

高，多香蕉、橡胶、油棕、茶叶等种植园，山谷多牧场。喀麦隆火山向来是喀麦隆的旅游热点，主要登山旅游路线在东南坡，海拔3000米左右有宿营地小木屋。山麓的布埃亚是西南省首府，登山旅游的大本营，与最大港市杜阿拉之间有良好的公路交通。

[三十六、卡里辛比火山]

非洲中部维龙加火山群中最高峰，海拔4507米，位于刚果（金）和卢旺达两国边界上。顶峰在卢旺达北部，为全国最高点；其北坡伸入刚果（金）境内，属维龙加国家公园，为死火山。山顶覆盖冰雪，山麓森林茂密，多奇异的植物，也是大猩猩的栖息地。卡里辛比火山是登山胜地，最佳登山时间是每年的1～3月和7～10月。

维龙加国家公园的大猩猩

[三十七、梅鲁火山]

坦桑尼亚东北部火山，东北距非洲最高山乞力马扎罗山70千米。海拔4566米。火山口东侧遭严重破坏，崩积物和洪积锥向东北延伸约15千米。最后一次喷发在1910年。硫质喷气活动延续至今。山顶有火口湖和冰川遗迹。海拔1800～2900米山坡地带为热带雨林，溪流潺潺，瀑布跌宕。南坡和东坡水源充足，火山灰土壤肥沃，多香蕉、咖啡种植园。

乞力马扎罗山

非洲第一高山。在坦桑尼亚东北部，靠近肯尼亚边境，为一东西延伸约80千米的熄火山群。在东非大裂谷以东约160千米，其形成与大裂谷断裂活动有关。由基博、马文济和希拉3座主要火山组成。基博峰海拔5895米，为非洲最高峰，火山口在顶峰南侧，直径2000米，深约300米，内有一个由火山灰形成的内锥。马文济峰海拔5149米，是较老峰顶的中心部分，侵蚀强烈，崎岖陡峭，东西坡被峡谷切成"V"形，两峰间以11千米长的鞍状山脊相连。希拉峰海拔3778米，是老火山口残余部分，呈山脊状。附近多次生火山锥。大约5000米以上覆盖永久冰雪，形成赤道雪山奇观。基博峰的冰盖在火山口内呈孤立的山块，有一条冰川冲破西部边缘而下。冰川在西南坡下伸到4300米左右，在北侧仅略低于峰顶。山地植被垂直分布，1000米以下为赤道雨林

非洲最高峰乞里马扎罗山

带，1000～2000米为亚热带常绿阔叶林带，2000～3000米为温带森林带，3000～4000米为高山草甸带，4000～5200米为高山寒漠带，5200米以上为积雪冰川带。在1000～2000米的山麓南坡，有谷物、咖啡、香蕉种植园。为保护动物资源和发展旅游业，坦桑尼亚政府于1973年将整个山区辟为乞力马扎罗国家公园，1987年作为自然遗产被列入《世界遗产名录》。

东非大裂谷

世界陆地上最长的裂谷带。南起赞比西河河口一带，向北经希雷河谷至马拉维湖北部，然后分成东、西两支。西支经鲁夸湖、坦噶尼喀湖、基伍湖、爱德华湖，至艾伯特湖，呈弧形延伸；东支向北进入坦桑尼亚境内，经维多利亚湖东面一系列小湖和洼地，至肯尼亚的图尔卡纳湖，后转向西北再折向东北纵贯埃塞俄比亚中部，抵红海沿岸。尔后经红海、亚喀巴湾，直至西亚的死海-约旦河谷地，总长6400多千米。其中4000多千米在非洲大陆境内。

据板块构造学说，大裂谷是陆块分离的地方。地壳下呈高温熔融状态的

东非大裂谷景观

地幔物质上涌，先使地壳隆起，继而减薄，然后断裂，在断裂带两侧的陆块逐渐向外扩张。东非大裂谷下陷开始于渐新世，主要断裂运动发生在中新世，大幅度错动时期从上新世一直延续到第四纪。北段形成红海，使阿拉伯半岛与非洲大陆分离。

裂谷带平均宽约 48～65 千米，北宽南窄，最宽处达 200 千米以上。两侧陡崖壁立，谷深达数百米至 2000 米。谷底地势起伏较大，分布有一系列洼地、盆地和湖泊。在裂谷带的形成和发展过程中，伴随着强烈的火山活动，火山林立，熔岩广布，使东非成为非洲大陆地势最高的地区。早期火山活动多为裂隙喷发型，岩浆沿裂隙溢出，巨量熔岩漫流叠置，形成从马拉维到红海沿岸广大的熔岩高原和台地，其中埃塞俄比亚高原平均海拔 2500 米以上。后期火山活动多为点状喷发型，堆积成高大的锥形火山群，其中包括非洲最高峰乞力马扎罗山的基博峰（5895 米），次高峰肯尼亚山的基里尼亚加峰（5199 米）等。有些火山仍有活动，如尼拉贡戈山、尼亚姆拉吉拉山等均属活火山，沿断层裂隙分布着许多温泉和喷气孔，地震活动频繁，标志东非大裂谷仍处于扩张演变之中。

大裂谷地区集中了非洲大陆湖泊的大部分，多具有狭长深邃、湖岸陡峭的特点，是典型的断层湖。如坦噶尼喀湖长度相当于其最大宽度的 10.3 倍，最深处达 1436 米，为世界第二深湖；马拉维湖长度相当于其最大宽度 7 倍，最深达 706 米，为世界第四深湖。位于东、西两支裂谷带之间高原面上的维多利亚湖、基奥加湖等，属陆地局部凹陷而成的浅湖，前者为非洲第一大湖。裂谷带的湖泊利于发展渔业、航运和灌溉，对东非各国经济具有重要意义。

[三十八、尼拉贡戈火山]

非洲中东部维龙加火山群最活跃的活火山之一。在刚果（金）靠近卢旺达边境的维龙加国家公园南端。海拔 3470 米，火山口最大直径 2 千米，深约 250 米，以熔岩喷发量大，气势雄伟壮观著称，为国内重要旅游景点。1948、1972、1975、1977 和 2002 年都有过大爆发，冲天火光远离约 20 千米外的戈马市可见，熔岩流直抵南面的基伍湖。1977 年的大爆发，熔岩流 1 小时下泻 60 千米，创下熔岩流动速度的世界纪录，半小时内便夺去 2000 人的性命。2002 年的大爆发，从 1 月 17 日凌晨延续到 19 日晚。熔岩流撞入戈马市，直泻基伍湖，沿途摧毁 14 个村落，戈马市郊的许多建筑被夷为平地，穿城而过的熔岩流摧毁了中心商业区和一座著名的天主教堂，戈马机场也未能幸免，导致 30 万难民涌入邻国卢旺达。附近山区为热带高地气候，凉爽多雨，平均年降水量 2000 毫米，植被为稀疏林带，野生动物有蹄兔和黑猩猩。

[三十九、陶波火山]

新西兰火山，位于北岛中部高原上。约 26500 年前的一次火山喷发被认为是一次超级喷发，其爆炸喷发物的体积超过 500 立方千米。现在的陶波火山口为宽达数万米的陶波湖，濒湖的陶波城是一座拥有数万人的旅游城市。26500 年前喷发的地面现今已被当时和以后多次喷出的喷发物深埋在 200 米以下。公元 181 年陶波火山又发生过一次大规模的喷发，该火山现在仍被认为是活火山。湖底及其周围地下有丰富的地热水资源。

陶波湖

新西兰最大的湖泊，位于北岛中部的火山高原上。由火山爆发和地层塌陷而形成。为世界最大火山湖之一，湖水覆盖了几座火山口。湖长40千米，宽27千米，面积606平方千米，湖面海拔357米，湖深159米。湖水由南面汤加里罗河等7条河流汇集而成，经东北端的怀卡托河排出，流域面积3289平方千米。湖内有岛屿，还有100多个湖湾与浅滩。湖西的西湾，水深约110～130米，原是一个巨大的残破火山口，呈半环形，四周峭壁陡立。毛利语中"陶波"意即"悬崖峭壁"。陶波湖以盛产虹鳟鱼闻名，其南面的图朗伊是钓鱼胜地。湖的周围是覆盖着火山碎屑物的高原，土质肥沃，森林密布，为早期毛利人居住地。湖东北岸陶波镇在19世纪60年代毛利战争中，曾是重要军事据点，现为附近牧区及人工林区的中心居民点。附近有著名的胡卡瀑布，怀卡托河在此从近250米的河床突然收缩到约18米，急流越过12米的悬崖飞腾而下，水珠似帘，泡沫胜雪，取名胡卡，即毛利语"泡沫"之意。湖四周多火山作用形成的地热温泉，或作疗养地，或用于发电。

陶波湖

[四十、鲁阿佩胡火山]

  新西兰北岛中南部间歇火山和最高峰，海拔 2797 米，在汤加里罗国家公园的陶波高原上，是公园内各大火山锥中位于最南端的一个。火山锥形态完整，顶部直径 1.5 千米的火山口内积水形成火口湖。湖水冬季保持较高温度，有出口流入旺阿伊胡河。1945 年的火山喷发持续了近一年。1975 年的一次喷发气柱高达 1400 米。1995 年 9 月末和 1996 年 6 月也曾喷发，气柱和灰尘升腾到几千米高。附近多温泉、间歇泉，有著名的陶波湖。终年雪线以下为森林，以上有冰川自峰顶下流。风景优美，为冬季疗养、滑雪和旅游胜地。东北坡和东南坡上有一些规模较小的居民点。

鲁阿佩胡火山风光

北岛

  新西兰两大主岛之一，位于南太平洋西南部。西临塔斯曼海，北临斐济海，西南隔库克海峡和南岛相望。面积 11.46 万平方千米，占全国约 3/4，土著居民毛利人也大多居住在此。由帕利瑟角至北角，南北相距 816 千米，东西最大宽度 320 千米。海岸线曲折，多半岛和海湾，沿岸有肥沃平原。中央山脉与东岸平行。多火山。鲁阿佩胡火山海拔 2797 米，为本岛最高点。中部的陶波湖为新西兰最大的湖泊，面积 606 平方千米，属火山湖。从陶波湖到北部的普伦蒂湾一带为连绵的熔岩高原，附近地区仍有火山活动。当地林木茂密，多湖泊、温泉，风景秀丽，建有汤加里罗国家公园，为重要旅游胜地。发源于陶波湖的怀卡托河为新西兰最长的河流，全长 425 千米。当地农牧业发达，集中了新西兰绝大部分乳制品和酿酒工业；矿产资源有石油、铁和煤；地热资源丰富。位于岛屿北部、奥克兰半岛南部的奥克兰为全国最大工业中心。首都惠灵顿，位于岛屿西南端库克海峡沿岸。其他重要城市还有哈密尔顿、北帕默斯顿等。

北岛风光

汤加里罗国家公园

　　新西兰国家公园。位于北岛中央的罗托鲁阿－陶波湖地热区南端。占地约800平方千米，是由火山组成的熔岩区。15座近代活动过或正在活动的火山呈线状排列，向东北方向延伸。汤加里罗、瑙鲁霍伊和鲁阿佩胡三座活火山，尤为著名。汤加里罗火山峰顶宽广，包括北口、南口、中口、西口、红口等一系列火山口。瑙鲁霍伊火山烟雾腾腾，常年不息。鲁阿佩胡火山海拔2797米，为北岛最高点，乘公园内的架空滑车，可接近顶端，原为陶波湖周围的毛利部族所有，被毛利人视为的圣地。1887年毛利人为了维护山区的神圣，不让欧洲人分片出售，以三座火山为中心，把约2.43平方千米内的地区献给国家，作为国家公园。1894年新西兰政府将这三座火山连同周围地区正式开辟为公园，定名为汤加里罗国家公园。为知名的登山、滑雪和旅游胜地。1990年作为自然和文化双重遗产列入《世界遗产名录》，1993年扩展范围。

汤加里罗国家公园的火山

[四十一、埃里伯斯火山]

南极洲三座活火山之一，位于罗斯冰架西北角的罗斯岛上，南纬77°35′，东经167°10′，海拔3794米。主火山口大体呈椭圆形，直径500～600米、深150米，水汽不断从火山口冒出。主火山口的北侧有直径

埃里伯斯火山

200米的内侧火山口，火山口底部存在着熔岩湖。熔岩湖大小不一，直径从20米到100米不等，一日数次反复从深处爆发喷出岩浆和火山弹，为世界珍奇的自然现象。火山在1841年为英国探险家J.C.罗斯发现，并以其"埃里伯斯号"船命名。

火山爆发

第三章 中国火山

[一、大屯火山群]

　　中国重要火山群之一，位于台湾岛北部。南起台北盆地北缘，北至富贵角海岸；东至基隆市西，西抵淡水河口南岸观音山一带。约有 20 座由集块岩与安山岩为主构成的火山体。最高的七星山，海拔 1120 米，位于台北市北投区北部，为较标准的锥形火山，火口旧迹甚小，形成较新，富于硫气孔和地裂线。七星山西有大屯山（1090 米），西南有纱帽山（643 米），东南有五指山（768 米），东有磺嘴山（911 米），北有竹子山（1103 米）。大屯山在七星山西约 3 千米，四壁有小山环绕火口湿地，旧有向天池之称。大屯山西邻面天山（977 米），有两旧火口，一呈完整漏斗形，直径约 200 米，深 45.5 米，雨时积水，称面天池，山以此得名面天山。七星山与大屯山之间有观音山，海拔 1072 米，火口称大凹崁，直径约 1200 米，深约 300 米。大屯火山群的活动可能始于早更新世至晚更新世，火山喷出的熔岩流曾远抵富贵角与麟山鼻。七星山的熔岩流则南下至台北市士林

区的芝山岩，并曾与大屯山熔岩流在西南侧竹子湖一带形成堰塞湖，东侧流至五指山附近。昔时大屯火山与观音山两者的熔岩流曾汇合于淡水河关渡地区。大屯火山区中的活动硫气孔及温泉甚多，分别构成该区天然硫产地和旅游点。与熔岩流凝结有关的地形景观以集中见于北部海岸为主，如石门、富贵角、麟山鼻等。该区所成放射状水网的各溪谷中，由于近期地盘周期性上升所成的河床急迁点，产生不少瀑布、急滩。台北市北投、士林两区的旅游业兴旺，亦与此等自然景物分布有关。该区地热资源甚富，可供利用。有较高品位的铝土矿。

堰塞湖

河流被外来物质堵塞后贮水而成的湖泊，又称阻塞湖。常由山崩、地震、滑坡、泥石流、冰渍物、火山喷发的熔岩和流动的砂丘阻塞河流造成。堰塞湖一般规模不大，外形狭长。中国黑龙江省的五大连池和镜泊湖均系火山熔岩流阻塞而成。五大连池形成仅 200 多年历史，1719～1921 年，老黑山、火烧山两个火山再次喷发，熔岩流堵塞了原纳莫尔河的支流白河，迫使其东移，从而形成由石龙河贯穿的五个火山堰塞小湖。地处宁安县西南的镜泊湖，是距今一万年前第四纪火山活动，大量玄武岩岩浆喷溢，把牡丹江拦腰截断形成的，这是中国面积最大的熔岩堰塞湖。1942 年台湾省阿里山两次山崩，在嘉义县境内形成的堰塞湖水深达 160 多米。中国最新的堰塞湖是由 2008 年 5 月 12 日四川汶川地震形成的诸多堰塞湖。

镜泊湖

中国最大的熔岩堰塞湖。曾称忽汗海、毕尔腾湖。明代始称"镜泊湖"。位于北纬 43°50′，东经 128°50′，地处黑龙江省宁安市西南的牡丹江上游张广才岭与老爷岭群山中。湖面海拔 350 米，湖面长 45 千米，平均宽 2 千米，面积约 95 平方千米，湖深平均 42 米，鹿圈脖附近最深达 62 米。储水量 16 亿

镜泊湖

立方米。镜泊湖为新生代第三纪中期所形成的断陷谷地。第四纪晚期，湖盆北部发生断裂，断块陷落部分奠定了湖盆基础。同时在镜泊湖电站大坝附近和沿石头甸子河断裂谷又有玄武岩溢出，熔岩流与来自西北部火山群喷发物和熔岩汇集，在"吊水楼"附近形成一道玄武岩堰塞堤，堵塞了牡丹江及其支流，形成镜泊湖。湖域有由离堆山及山岬形成的小岛，如大孤山、白石砬子、小孤山、城墙砬子、珍珠门、道士山和老鸹砬子等。湖北端湖水从熔岩堤坝上下跌，形成20多米高、40米宽的吊水楼瀑布。瀑布下的深潭达数十米，与镜泊湖合为镜泊湖风景区。镜泊湖以产鲫鱼驰名，特称"湖鲫"。在镜泊湖发电厂西北50千米处的大干泡附近有6座火山锥所组成的火山群。火山锥海拔750～1000米。在沙兰乡境内有火山口森林，通称"地下森林"，产有红松、紫椴、黄菠萝等林木，以及马鹿、青羊等珍贵动物，具有罕见的自然奇观。镜泊湖为全国重点风景名胜区和自然保护区。2006年被联合国教科文组织评为世界地质公园。

［二、基隆火山群］

中国台湾省重要火山群之一，位于台湾岛东北，基隆市以东，三貂角以北至海岸间，即著名的九分与金瓜石矿区一带。有基隆山、新山、牡丹坑山、塞连山、金瓜石山、草山、鸡母岭等，海拔多在 700 米以下，为以石英安山岩为主的火山体。其中的金瓜石山，位于火山群中心，海拔约 660 米，以富产金矿闻名。草山在金瓜石山东南，海拔 729 米，有南北两处钟状火山丘，其南侧另有宽约 900 米的小火山。基隆山位于西北海滨，宽 1～2 千米，呈椭圆形，海拔 588.5 米，西与深澳港（番子澳）为邻。各山体大致形成于更新世。分新喷出和旧侵入两期，有南北性断裂。基隆火山群中的金瓜石山、草山、鸡母岭等的金银和金铜矿床分布较富，为上述构造运动的产物，唯基隆山与矿床无关。

基隆市

中国台湾省辖市，港口城市。位于台湾岛最北端，面向东海和太平洋。北临东海，西近台湾海峡北口。辖中正、七堵、暖暖、仁爱、中山、安乐、信义 7 区，市政府驻中正区。总面积 133 平方千米。基隆市是台湾开发较早的地区之一，旧称"鸡笼"。一说鸡笼屿（现基隆屿）形似鸡笼而得名；一说平埔人一支凯达格兰人的"格兰"谐音为鸡笼而得名。明天启年间（1621～1626）被西班牙殖民；清咸丰年间（1851～1861）被开辟为通商口岸；光绪元年（1875），台北府设通判于鸡笼，并取"基地昌隆"之意，改名基隆；1895 年被日本强占，1945 年台湾回归后为省辖市。

市东、西、南三面环山，地势由东南、西北向中部倾斜，平地仅占 5.6%，最高峰五分山，海拔 750 米。海岸曲折，岬角很多，奇石怪岩林立。主要河流基隆河，水浅流急。气候属亚热带季风气候，潮湿多雨。年平均气温 22℃，最热月 7 月平均气温 28℃，最冷月 1 月平均气温 15℃。受地形和季风影响，全年多雨，平均年降水量 3600 毫米，雨日逾 210 天，有"雨港"之称。

基隆为台湾北部煤田的主要矿区，曾是台湾煤炭的主产区，20世纪70年代后资源枯竭，产量较少。基隆港是台湾省第3大国际港口。有八斗子、望海港、长潭里渔港、外木山、澳底、大武仑等渔港，八斗子渔港是台湾两大远洋渔业基地之一。陆上基隆是纵贯铁路和南北高速公路北端的起点。基隆市名胜古迹众多，在二沙湾、三沙湾、大武仑山、狮球岭、云龙山等处保留着抗击外国侵略者的古炮台、"海门天险""民族英雄墓"。庙宇有奠济宫、灵泉寺、天后宫、宝明寺、大觉寺、平安宫等。和平道（社寮岛）北部海蚀奇景壮观，尤以"千叠敷"海蚀台最壮观。市内还有中正公园、八斗子渔村、月眉山、仙洞岩、情人湖、暖东峡谷等风景。

［三、六合火山群］

中国江苏省西南部的火山群，位于长江沿岸南京市六合区境内。上新世喷发的著名玄武岩方山丘陵有平顶火山、桂子山、西横山、瓜埠山、灵岩山、方山、马头山、奶子山等，通称六合火山群。1983年桂子山和西横山发现玄武岩"石林"，气势雄伟，世所罕见。此外，方山是保存较好的火山锥，瓜埠山又是一种横卧"石林"。六合山火山群对教学、科研、旅游等都有重要价值。

［四、腾冲火山群］

中国保存最完好、分布最广、多次喷发形成的新牛代死火山群之一。位于云南省腾冲市周围。火山群呈近南北至东北—西南向延伸，火山个体及火山口亦多作上述方向延伸而成椭圆形。火山群从第三纪中后期到第四纪连续多次喷发，一般坝子南部、东部的火山锥形成时代较老，西部、北部的时代较新。现存的约70

座火山锥中，有 40 余座火山锥体及火山口均保存完整，火山浮石发育，火山弹也完整，其中又以来凤山群、马鞍山群、打鹰山群、黑空山群等为典型。火山锥体大部分由基性和中基性的玄武岩、凝灰岩、安山岩、英安岩和火山角砾岩等组成。火山群分布面积 1000 平方千米以上，说明当时火山爆发的规模很大。大型火山口内有火山弹、火山渣、浮石等堆积物。火山群位于大盈江上源的小湖泊北海和青海，均系呈椭圆形、长轴走向为东北—西南的大火山口，后因积水而成湖。火山群北部台地上亦分布有火山口，其内部已积水成塘。附近地区亦为地热富集区，冬季由高空俯视，热气腾空，白雾弥漫，有"热海"之誉。

腾冲火山温泉　中国云南省腾冲市周围新生代火山群的温泉。遍布全县的气泉、温泉、热泉群共有 80 余处，平均每 70 平方千米就有一个泉群点，其中 11 个温泉群水温高达 90℃。腾冲热泉群不仅数目多，密度大，且类型复杂齐全，为国内罕见，有高温沸泉、热泉、温泉、地面蒸汽、喷泉、巨泉、冒气地面等。县城西 16 千米的硫黄塘，温度高达 96.6℃。硫黄塘西南 2 千米处，有黄瓜箐热气沟。距黄瓜箐数百米是澡塘河瀑布，澡塘河段冬春季节水温都在 40℃左右。腾冲火山温泉区是中国西南地区一处具有极大开发价值的旅游、疗养胜地。

腾冲死火山群完整火山

[五、五大连池火山群]

中国著名火山遗迹，位于黑龙江省五大连池市，讷谟尔河支流白河上游。五大连池火山区由14座火山和5座熔岩堰塞湖（五大连池）及大面积的熔岩台地构成，面积600多平方千米。火山群分布于五大连池东西两侧。西侧有南、北格拉球山及火烧山、老黑山、笔架山、卧虎山和药泉山，东侧有尾山、莫拉布山、小孤山及东、西龙门山和东、西焦得布山。14座火山均呈东北—西南及西北—东南方向排列，呈网格状。五大连池火山均属断裂地带的中心式喷发，为第四纪以来多次喷发而成。其中南格拉球山最高，海拔596.9米；平均锥体高度则以老黑山最大（165.9米）；平均基底直径最大者为莫拉布山（1500米）；火山口最深者为老黑山（145米）。老黑山与火烧山溢出的熔岩系基性岩，在流动和冷却中形成奇特的微地貌形态。老黑山和火烧山喷出的状如石龙的熔岩，迫使白河河谷向东推移，熔岩又将新河谷隔断，形成了呈串珠状排列的五座湖泊。五湖为中国仅次于镜泊湖的第二大堰塞湖，从上而下依次为头池、二池、三池、四池和五池。五湖面积约18平方千米，三池最大，面积8.4平方千米；二池最深可达9.2米；头池最小，面积仅0.18平方千米。现已建立了五大连池自然保护区和国家地质公园。2004年被联合国教科文组织评为世界地质公园。

南格拉球山

［六、大同火山群］

中国华北地区第四纪死火山群。位于山西省大同市、大同县和阳高县境内（见图）。大同火山的爆发，始于中更新世中期，终于中更新世晚期，在40万年前，由东向西，时喷时止，大约在6万年前停止爆发。大同火山群喷发类型以爆发为主，喷发溢流为辅。

大同火山群被誉为东亚大陆稀有的自然遗产和火山地质博物馆。在2009年8月取得国家级地质公园的建设资格，2012年12月通过了国土资源部正式命名验收，2014年8月17日正式开园，是山西省乃至华北地区唯一一处以火山群命名的国家地质公园，也是世界上唯一发育在黄土高原上的火山群，是华北地区组织最大、保存最完好、内容最完善的火山群，具有稀缺性、独特性等极具旅游开发价值的特性。

大同火山群

第四章　冰川知多少

［一、冰川学"学什么"］

冰川学是研究地球表面各种自然冰体的学科。自然冰体包括山岳冰川、大陆冰盖、海冰、河冰、湖冰、地下冰、季节性结冰以及积雪和运动中的雪等。早期只研究冰川，现已扩展到研究地表一切形态的自然冰体。

把冰川作为一门科学来研究是由山岳冰川开始的，经过一段时期后逐渐开展对大陆冰盖的研究。第二次世界大战后，由于新技术的应用，冰川学发展迅速。研究发展大体分成 3 个阶段。

初创阶段　冰川学起于对欧洲阿尔卑斯山冰川的研究。1772 年 A.C. 博尔迪埃首次描述了冰川冰的塑性。19 世纪末 20 世纪初，　些学者发现冰川上存在着运动波的传递现象；利用热钻钻入深 200 米，穿透整个冰川，确定冰川表面运动速度远大于底部；开始应用摄影测量方法绘制冰川地图和观测冰川变化。19 世纪 30 年代及以后，J.L.R. 阿加西测量了冰川运动，最早指出山谷冰川最大流速出现

在冰川中部，并向源头和末端递减；提出大冰期学说；阐述冰川搬运作用，首先提出终碛、侧碛、中碛等术语，为冰川学奠定了基础。研究范围由欧洲扩展到亚洲和美洲等。

大陆冰盖研究阶段　1911 年 J.P. 科赫和 A.L. 魏格纳横贯格陵兰大冰盖，研究雪层，测量冰层温度；以后又首次应用地震法测量冰盖厚度，开创了大陆冰盖冰川学的研究。研究侧重冰川水文等方向，较重要的有 H.U. 斯韦尔德鲁普的冰川热量平衡的观测研究，S. 芬斯特瓦尔德对冰层块体运动的论述和 H.J.K.W. 阿尔曼对冰川的地球物理分类等。

综合研究阶段　第二次世界大战后，特别是 20 世纪 50 年代以来，国际范围或多国合作研究大大促进了冰川学的发展。如 1957 ~ 1958 年的国际地球物理年（IGY）有 103 个站同时进行冰川观测，为全球冰川进退变化、冰川物质平衡等研究提供了大量可对比的资料。1965 ~ 1974 年的国际水文十年（IHD），1975

冰川

年开始的国际水文计划（IHP），以及国际南极冰川计划等，对冰川水文学、冰川气候研究的发展起了重要作用。在研究中还不断应用新技术，促进物理冰川学的发展。如研究冰盖深钻孔中的冰岩心，为重建古气候提供了可靠的依据，并发展了同位素冰川学；应用雷达技术测量冰盖厚度；卫星影像对冰雪的监测；遥测技术记录冰川范围和时间等。物理冰川学的发展以 J.W. 格伦的冰流律和 P.A. 舒姆斯基的成冰作用理论为代表。期间还成立了国际冰雪委员会（ICSI）、国际冰川学会（IGS），出版《冰川学杂志》《冰川学和冰川地质学杂志》。

中国冰川的研究始于 1958 年。中国科学院高山冰雪利用研究队及其以后组建的兰州冰川冻土研究所联合各有关单位，对西部高山区的现代冰川和一些第四纪冰川进行广泛的考察，初步查明中国冰川的分布及其规律和对河流的作用；提出中国山岳冰川的分类；进行冰川变化、雪崩、风吹雪、冰川泥石流等研究；解决了高山区公路建设中若干困难问题。有些成果，如珠穆朗玛峰冰川地图、喀喇昆仑山巴托拉冰川进退预报等达到世界先进水平。

冰川学按其研究内容，分为物理冰川学、水文气候冰川学和地质地貌冰川学3 个分支学科。

物理冰川学 研究冰的内部结构，力学、热学、电学性质和化学成分，又称冰川物理学。发展较快的是结构冰学，它研究雪、冰晶体的成长、结构和变化，各种积雪变质和水冻成冰过程，冰的动力变质和热力变质，世界成冰带的划分等。冰力学研究冰的弹性、塑性及其强度，各种天然冰体内的应力分布和运动状态，冰川、雪崩、风吹雪中的动力学问题，冰川的跃动前进与预报。冰热物理学研究自然冰体内的温度变化，冰的热学和辐射性质，相的组成及相态转换等。冰地球化学研究分析冰内杂质和痕量元素，氢氧同位素和某些组成变化，尤其是深钻孔中冰岩心分析技术的发展，有利于重建古气候与环境变化。

水文气候冰川学 包括冰川水文学（又称冰雪水文学）和冰川气候学。主要研究冰雪与大气圈、水圈的相互作用。包括冰形成、存在和消融的气候条件，冰与大气间的热量和辐射交换，冰川进退与气候变化和海面变化的关系，冰雪的气

候作用与消融过程，冰川融水对河流的补给作用，冰川洪水、冰湖溃决、冰川泥石流等灾害及其预报。

地质地貌冰川学　包括冰川地质学和冰川地貌学。研究冰川与地表的相互作用及其地貌过程、冰缘现象、冰川沉积、第四纪及其他地质时代的冰川问题。

意义　冰雪是地球表面上的宝贵淡水资源，也是寒区自然地理环境的重要组成部分。研究冰雪的开发利用和预测，对于防治冰雪灾害，有十分重要的意义。①全球冰川面积有1600万平方千米以上，约占地球陆地面积的11%，全球淡水资源的69%，它们大部分集中在南极大陆和格陵兰。随着各国工业迅速发展，对淡水的需求十分迫切，在干旱区和半干旱区冰雪融水是重要水源。有些国家还在研究如何利用南极冰山和开发南极大陆冰盖与冰架下的矿藏等。②冰川变化影响着全球的大气环流、水循环和气候，给工农业生产和人类活动带来重要影响。③海冰、浮冰和冰山的分布影响着海上交通和海上生产。在高寒山区，雪崩、风吹雪、冰湖溃决和冰川泥石流等常常造成灾害，需要运用冰川学的理论与方法进行预测和防治。20世纪中期以来，许多国家的冰川研究重点，已从山岳冰川转向对极地冰盖的考察和研究，尤其对南极大陆冰盖（地球上最大的冷源）的研究，旨在揭

示大陆冰盖、山岳冰川所储存的气候和环境信息，冰川变化与全球气候变化的关系，以及冰盖对气候的反馈作用等，以探讨和预测全球气候与环境变化趋势。

[二、冰川]

冰川是极地或高山地区沿地面运动的巨大冰体，由大气固体降水经多年积累而成，是地表重要的淡水资源。"冰川"一词来自拉丁文 glacies（意为冰）。以平衡线（又称雪线）为界把冰川分为两部分，上部为粒雪盆（又称冰川积累区），下部为冰舌区（又称冰川消融区），它们构成一个完整的冰川系统。

认识史 中国很早就有冰雪现象的记述，唐朝玄奘等把天山木札尔特冰川描写为"冰雪所聚，积而为凌，春夏不解……"但是现代冰川的研究始于欧洲阿尔卑斯山。19 世纪三四十年代 J.L.R. 阿加西建立世界上第一个冰川研究站，系统研究了阿尔卑斯山的冰川，为冰川学的建立奠定了基础。1911 年 J.P. 科赫和 A.L. 魏格纳开创对大陆冰盖的研究。20 世纪 50 年代以来几次大规模的国际合作计划，

冰川地貌

20 世纪 70 年代以来氧同位素、雷达测量、卫星遥感和遥测技术的应用，都有效地促进了人们对冰川的认识和研究。

分布　冰川自两极到赤道的高山都有分布，总面积约 1620 万平方千米，覆盖了地球陆地面积的 11％，约占地球上淡水总量的 69％。现代冰川面积的 97％、冰量的 99％为南极大陆和格陵兰两大冰盖所占有，特别是南极大陆冰盖面积达到 1398 万平方千米（包括冰架），最大冰厚度超过 4000 米，冰从冰盖中央向四周流动，最后流到海洋中崩解。

极地以外不同纬度的山地，其高度在当地雪线以上者，发育山岳冰川。其中，世界中、低纬山岳冰川以亚洲中部山地最发达，特别是喀喇昆仑山系有 37％的山地面积为冰川覆盖，长度超过 50 千米的有 6 条。中国境内的冰川主要集中于喜马拉雅山、昆仑山、喀喇昆仑山、念青唐古拉山、横断山、祁连山、天山和阿尔泰山等山区，据 1987 年统计，冰川面积约为 58700 平方千米，占亚洲冰川面积一半以上。欧洲阿尔卑斯山的冰川面积不算大，但在山岳冰川研究发展史中占重要地位。

阿尔卑斯山的雄姿

世界冰川分布表

地　区	冰川面积（km²）
南极洲	13980000
格陵兰岛	1802400
北极岛屿	226090
法兰士约瑟夫地群岛	13735
新地岛	24420
北地群岛	17470
西斯匹次卑尔根岛	21240
加拿大北极岛屿	148825
其他小岛	400
欧洲	21415
冰岛	11785
斯堪的纳维亚半岛	5000
阿尔卑斯山	3200
高加索山	1430
亚洲	109085
帕米尔高原阿赖谷	11255
天山	7115
准噶尔阿拉套山、阿尔泰山、萨彦岭	1635
东西伯利亚	400
堪察加半岛、科里亚克山	1510
兴都库什山	6200
喀喇昆仑山	15670
喜马拉雅山	33150
青藏高原	32150
北美洲	67522
阿拉斯加（太平洋沿岸）	52000
阿拉斯加内陆	15000
美国	510
墨西哥	12
南美洲	25000
委内瑞拉、哥伦比亚、厄瓜多尔安第斯山、秘鲁安第斯山、智利和阿根廷安第斯山、火地岛	7100
巴塔哥尼亚安第斯山	17900
非洲（肯尼亚山、乞力马扎罗山、鲁文佐里山）	22.5
大洋洲	1014.5
新西兰	1000
新几内亚	14.5
合计	16227500

据《世界水量平衡和全球水资源》（1978）

冰川是由多年积累起来的大气固体降水在重力作用下，经过一系列变质成冰过程而形成，主要经历粒雪化和冰川冰两个阶段。

粒雪化　新降的雪花形态万千，但基本是六角状雪片和柱状雪晶。新雪降落到地面后，经过一个消融季节未融化的雪称粒雪。新雪的水分子从雪片的尖端和边缘向凹处迁移，使晶体变圆的过程称粒雪化。在这个过程中，雪逐步密实，经融化、再冻结、碰撞、压实，使晶体合并，数量减少而体积增大，冰晶间的孔隙减小，发展成颈状连接，称为密实化。粒雪化和密实化过程在接近融点的温度下，进行很快；在负低温下，进行缓慢。

冰川冰　当粒雪密度达到 0.5～0.6 克/厘米^3 时，粒雪化过程变得缓慢。在自重的作用下，粒雪进一步密实或由融水渗浸再冻结，晶粒改变其大小和形态，出现定向增长。当密度达到 0.84 克/厘米^3 时，晶粒间失去透气性和透水性，便成为冰川冰。粒雪转化成冰川冰的时间从数年至数千年。冰川冰含气泡较多时，呈乳白色，称为粒雪冰。粒雪冰进一步受压，气泡亦被压缩，就出现浅蓝色的冰川冰。冰川冰是大而形态不规则的多晶集合体。山岳冰川冰的密度很少超过 0.9 克/厘米^3，极地冰盖深处的冰密度接近纯冰（0.917 克/厘米^3），冰晶内部是非常纯净的。在冰川运动过程中，冰晶粒径可增大到 100 厘米以上。冰晶有层状构造，可以像一叠卡片那样错动变形，变形速度与温度高低有密切关系，这对于冰的力学、热学和电学性质都很重要。

类型　按照冰川的规模和形态，冰川分为大陆冰盖（简称冰盖）和山岳冰川（又称山地冰川或高山冰川）。大陆冰盖全球只有两个，即南极冰盖和格陵兰冰盖。山岳冰川主要分布在地球的高纬和中纬山地地区，低纬高山区数量较少。主要有以下几种类型：①悬冰川。高悬在山脊或山坡上的一种小型冰川，无明显的粒雪盆或冰舌区，是数量最多而体积最小的冰川。②冰斗冰川。发育在沟脑或山脊侧旁的围椅状粒雪盆中的小型冰川，底部下凹，后壁陡峻，没有或仅有很短的冰舌。③山谷冰川。发育最成熟的冰川，又称谷冰川。以雪线为界，有从粒雪盆流出或山坡雪崩补给形成的长大冰舌，长数千米至数十千米，基本上反映山岳冰川的全

部特征。世界上最长的山谷冰川是阿拉斯加的哈伯德冰川，长 150 千米。完全在中国境内的最长的谷冰川是喀喇昆仑山北坡的音苏盖提冰川，长 41.5 千米。山谷冰川按照冰流条数分为单式山谷冰川、复式山谷冰川，按形态分为树枝状山谷冰川、网状山谷冰川、溢出山谷冰川、宽尾山谷冰川和山麓冰川等。④平顶冰川。发育在雪线以上具有平坦山顶面上的冰川，形如薄饼，冰面平整洁净，缺少表碛，边缘时有小冰舌。如果冰川很大，覆盖整个山顶或山区的大部分，则为冰帽。还有一些介于上述类型之间的过渡形态的山岳冰川，如冰斗-悬冰川、冰斗-山谷冰川等。如果陡峻山崖上部冰雪悬空崩落到谷底再堆积可形成再生冰川，在某些火山口内也可以形成火山口冰川。

按照冰川的物理性质（如温度状况等）分为：极地冰川，整个冰层全年温度均低于融点；亚极地冰川，表面可以在夏季融化外，冰层大部分低于融点；③温冰川，除表层冬季冻结外，整个冰层处于"压力融点"。极地冰川和亚极地冰川又合称冷冰川，多分布南极大陆和格陵兰岛。温冰川主要发育在欧洲的阿尔卑斯山、斯堪的纳维亚半岛、冰岛，阿拉斯加和新西兰等降水丰富的海洋性气候地区。

在中国，通常按冰川发育区的气候条件分为：海洋性（型）冰川，主要分布在降水丰富、气温较暖的山区，性质属温冰川，冰温处于压力融点，西藏东

喀喇昆仑山

南部山地是中国最主要的海洋性（型）冰川区。大陆性（型）冰川，发育在降水少的大陆性气候条件下，夏季凉爽而有强烈的辐射，冰川上层温度恒为负温，而下层可能是负温，也可能达到压力融点，分布较广泛，从喜马拉雅山（东段除外）北坡至阿尔泰山广大地区。复合性（型）冰川，兼有多种温度类型，如上段冰层是处于负温的冷冰川，而下段可能转为处于压力融点的温冰川，喀喇昆仑山、天山等若干长达数十千米，从源头到末端高差三四千米以上的大冰川多属于复合性冰川。

冰川作用　除了冰体内部的力学、热学相互作用外，冰川作用还表现在它对地表的塑造过程，即冰川的侵蚀、搬运与堆积作用。

与自然环境和人类活动的关系　冰川作为地球水圈的一部分参与了全球性的水分循环，对全球的气候也有影响。两极冰盖的存在使极地成为地球上两个主要的冷源，在其上空形成了极地气团，冰盖的扩展或退缩都影响着极地气团的强弱和大气环流的形势。南极大陆冰盖的降水补给较少，整个南极大陆每年可积累约2200立方千米的冰量，南极冰盖每年崩解入海成为冰山或浮冰块，冰量达1200～2200立方千米。显然，冰盖的扩大或缩小，影响参与全球水分循环水量的大小，改变着水量平衡要素之间的关系。降落到山岳冰川区的降水补给了冰川，一部分被蒸发，另一部分汇集冰雪融水形成径流注入江河。冰川的存在又使高山区成为一个局部的湿冷源，在气流交换过程中形成云和局部降水，促进了地方性水分小循环作用。

冰川是重要的淡水资源。在中、低纬度干旱区，冰川为高山淡水固体水库。冰雪融水不仅对山区河川径流起多年调节作用，而且更是戈壁荒漠绿洲农田灌溉的重要水源。高山冰川区还以其秀丽的风景吸引旅游者，成为高山旅游区。

山岳冰川也往往给人类带来危害。如冰湖溃决，形成冰川爆发洪水，在喀喇昆仑山北坡的叶尔羌河上游这种突发性洪水的洪峰流量可达5000～6000米³/秒。在强烈消融季节也常发生冰川泥石流，特别在暴雨和强消融时期叠加在一起时，其爆发频率最高，规模亦大。这些灾害破坏交通，冲毁村庄，淹没农田，阻塞江河，

对下游人民的经济活动和生命财产造成很大损失。

[三、积雪]

覆盖在陆地和海冰表面的雪层，又称雪被或雪盖。它是寒区或寒冷季节特有的自然景观，与冰川、冻土、海冰等构成地球的冷圈。气象观测规范规定，某地地表1/2的面积被雪覆盖时，记为积雪日。

类型 按积雪持续时间的长短，分为终年不消的永久积雪和冬季形成、夏季消失的季节积雪。季节积雪又分为稳定积雪（持续时间在 2 个月以上）和不稳定积雪（持续时间不足 2 个月）。

分布 积雪是冷圈中分布最广泛、年际变化和季节变化最显著的一员。每年全球被积雪覆盖的总面积约为 $115 \times 10^6 \sim 126 \times 10^6$ 平方千米，占地球表面积的

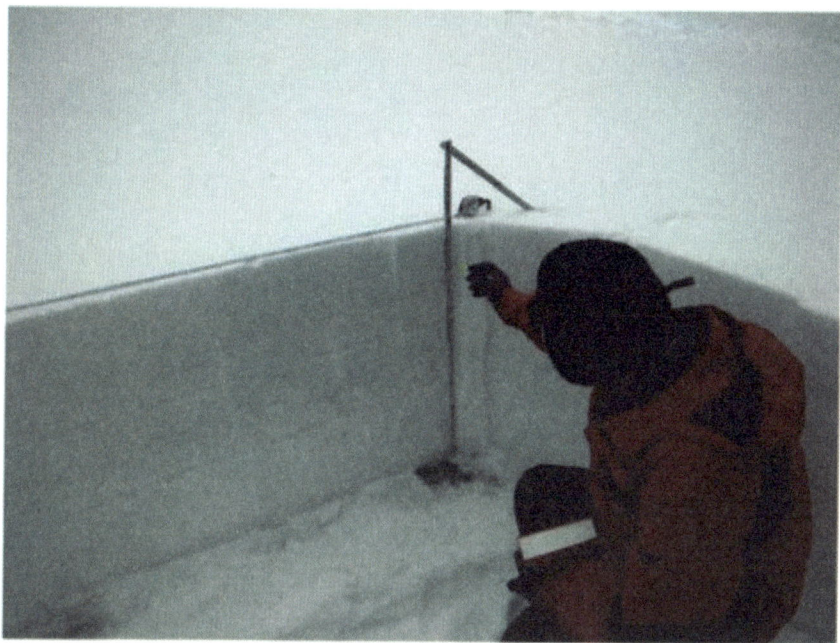

竖直切剖的积雪剖面

23%，其中 2/3 覆盖在陆地上，1/3 覆盖在海冰上。全球同时有积雪覆盖的面积年平均为 61.5×10^6 平方千米，12 月和 1 月面积最大，达 79×10^6 平方千米，占地表面积的 15%；7 月和 8 月面积最小，仅 43×10^6 平方千米，约占地表面积的 8%。积雪分布具有地带性规律。从两极到中低纬度依次为：永久积雪区、季节积雪区和无积雪区。山地积雪垂直地带性分布与此类同。地球上永久积雪区大约有 17.2×10^6 平方千米，占陆地面积的 11%，是现代冰川发育的摇篮。主要分布在南极大陆、格陵兰、北冰洋西部岛屿以及中低纬度高山地区。

中国积雪面积达 9×10^6 平方千米。其中永久积雪区约 5×10^4 平方千米，零星分布在西部高山冰川积累区。稳定季节积雪区面积有 420×10^4 平方千米，主要包括东北，内蒙古东部和北部，新疆北部和西部，青藏高原区；不稳定季节积雪区南界位于北纬 25°～24°。无积雪地区仅包括福建、广东、广西、云南四省（区）南部，海南省和台湾省大部分地区。

对气候和人类活动的影响　①气候变化的指示器。积雪对温度的变化十分敏感，任何时间和空间尺度的气候变化都伴随着不同规模的积雪波动。大气中 CO_2 和其他具有温室效应的微量气体不断增加，导致气候变暖，积雪面积减少，引起永久积雪边缘带的消融和海平面上升。反之，则积雪面积扩大，甚至导致冰川推进或扩展。季节积雪的年际波动与厄尔尼诺-南方涛动有关，是全球海气关系异常和火山喷发导致温度变化的结果。②对气候的反馈作用。新雪可反射太阳短波辐射的 85%～95%，仅红外部分被表层吸收，热辐射率达 0.98～0.99。因此，积雪可形成冷源性下垫面和近地层逆温层结，使近地面气温下降好几摄氏度。积雪区与无积雪区之间热状况的显著差异，使中纬度气旋活动加强。异常积雪会引起气旋路径偏移。欧亚大陆积雪的波动，影响东亚大气环流、印度季风活动和中国初夏降水。积雪变化还引起反射率-温度反馈循环：若积雪增加，地表反射率增加，吸收的太阳能量减少，气温降低，降雪量增加；反之，则气温升高，降雪量减少。③重要的淡水资源。陆地上每年从降雪获得的淡水补给量约 60000×10^8 立方米，约占陆地淡水年补给量的 5%。亚、欧、北美三大洲北部和山区河流主

要靠季节积雪融水补给。如俄罗斯 3/4 的河流，其融雪径流占整个径流补给量的 50% 以上。中国年平均降雪补给量 3400×10^8 立方米，积雪资源的一半集中在西部和北部高山地区。冬季雪储量的多寡还决定着流域用水计划和春汛规模，南美安第斯山和亚洲中部干旱区农业灌溉都依赖高山冰雪融水。④对土壤的保温蓄水作用。积雪的热传导性很差，有效热传导率只有 0.00063 ～ 0.00167 焦耳 / 厘米，是地表良好的绝热层。即使气温大大低于冰点，厚度 30 ～ 50 厘米的雪层亦可使所覆盖的土壤不被冰结，为作物创造良好的越冬条件。而且积雪表面的蒸发量很小，几乎接近于零，所以对土壤蓄水保墒、防止春旱具有十分显著作用。

[四、雪线]

年固体降水量等于消融量的零平衡线，冰川上的雪线也叫平衡线，1736 年由法国 P. 布格提出。雪线以上是永久积雪区，雪线是地球上永久积雪区的最低界限。雪线高度主要受气候、地形和积雪（冰川）的影响。通常所说的雪线，指平坦而无隐蔽地面上大气固体降水量与消融量相等的多年零平衡线，即理想雪线，或称气候雪线。它不同于实际可见的地方雪线和季节雪线，也不同于冰川学中专指冰川表面粒雪与裸冰分界的粒雪线。地球上雪线高度的分布由极地向赤道逐渐升高，但最高处不在赤道和热带地区，而在副热带高压区。喜马拉雅山中段北坡雪线高度在海拔 6000 米左右，个别达 6100 ～ 6400 米，是已知北半球最高的雪线。南半球南美的安第斯山雪线高达 6400 米，是世界上雪线最高的地方。由副热带向两极，雪线又骤然降低，南半球在南纬 62° ～ 65°，雪线已降至海平面高度，而北半球的最低雪线则接近极地。中国雪线分布具有如下特征：①雪线高度具有明显的纬度地带性。中国最低雪线出现在 49°N 的阿尔泰山哈巴河流域，为 2800 米；随着纬度的降低，雪线升高，至喜马拉雅山珠穆朗玛峰北坡升高到 6000 米。从 49°N 至 28°N，雪线相差 3200 米，平均每降低 1 个纬

雪山

度雪线升高约 150 米。②青藏高原雪线呈环形分布。受青藏高原热量收支和降水的影响，雪线高度分布从高原外围向内部呈环形分布，越向内部雪线越高，高值的雪线出现在喜马拉雅山北坡中段和高原腹地（5000～6000 米）。③与同纬度山区雪线高度比较，中国雪线明显偏高。

[五、雪崩]

积雪顺着沟槽或山坡下滑，引起雪体崩塌的现象。具有发生突然，速度快和崩塌量大的特点。经常造成人员伤亡，堵塞交通，破坏森林，埋没厂矿，摧毁建筑物等，是高寒山区自然灾害之一。山坡坡度在 30°～45° 之间容易发生雪崩，大于 50° 只有少量雪经常塌落，小于 20° 难以形成雪崩。降大雪，特别是连续大雪使雪层迅速加厚而失稳，易发生雪崩。隆冬低温，雪层在表冷里暖的温度梯度长期作用下，雪粒霜化、内聚力下降，也易发生雪崩。春季回暖，雪面融化，融水下渗，使雪层变湿，强度下降，很容易发生雪崩。按可能发生的时间，雪崩分为长年雪崩和季节性雪崩。两者之间的界线大致与雪线一致，以上为长年雪崩区，以下为季节性雪崩区。中国季节性雪崩主要分布于青藏高原边缘及邻近山区。中国雪崩研究始于 20 世纪 60 年代，主要开展公路雪崩调查、试验和工程治理研究，在天山西部有中国科学院积雪和雪崩研究站。

[六、冰川地貌]

由冰川作用形成的地表形态。现在地球陆地表面有 11% 的面积被冰川覆盖，其中南极洲和格陵兰岛的绝大部分被厚度为 1000～3000 米的大陆冰盖掩埋，中低纬度的高山和高原地区也有不少现代冰川。第四纪冰期时冰川曾波及更广阔的地域，北美洲、欧洲和亚洲北部当时曾形成连绵的大陆冰盖，中低纬高山和高原地区冰川也扩大为巨型的山谷冰川和山地冰盖。在古冰川流行过的和现代冰川发育的地方，地表形态受到深刻的改造，形成与流水、风、海浪等外营力塑造的地貌完全不同的地貌景观。

冰川运动　一般包括冰川的内部流动和底部滑动两部分。它是冰川进行侵蚀、搬运、堆积并塑造各种冰川地貌的动力。冰的厚度达到某一临界值（与坡度有关），就能克服内摩擦而发生内部流动，或克服冰与谷床的摩擦而发生底部滑动。海洋性冰川底部处于压力融点，冰川运动包括内部流动和底部滑动（图 a）；大陆性冰川如其底部因冰温太低而与冰床冻结一起，冰川运动则仅为内部流动（图 b）。运动着的冰川（年流速数米到千米不等）不仅侵蚀冰床，形成各种"冰川侵蚀地

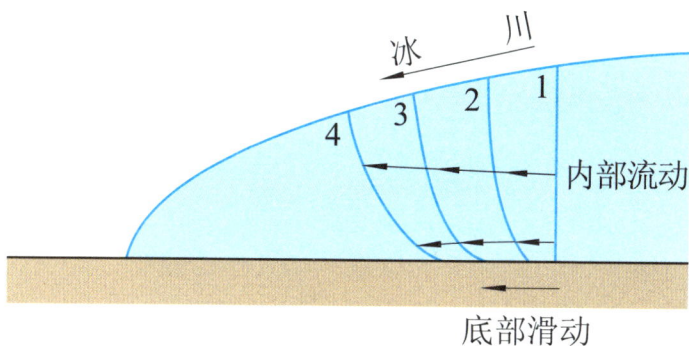

a. 海洋性温底冰川

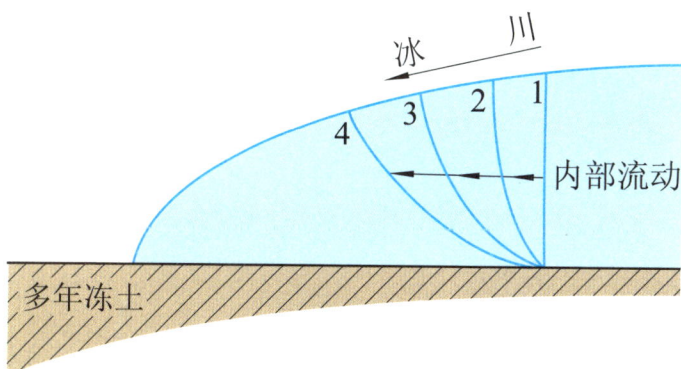

b. 底部冻结的冷冰川

貌"；它还不断地从冰床、两岸获得大量岩屑，经冰川表面、内部和底部向下输送，最后在不同部位沉积下来，形成各种冰川堆积地貌。

冰川运动并不是塑造冰川区地貌的唯一营力。冰盖表面的石山（岛峰）和山岳冰川地区的裸露山坡还受到冰缘寒冻风化、雪蚀和雪崩的作用，冰川表面、内部、底部和边缘则常受冰水河流的侵蚀作用，冰川融化产生特殊的沉积地形。因此，冰川地貌景观是许多地貌营力共同作用的结果。

冰川侵蚀地貌　冰川冰含有数量不等的岩屑，它们是冰川进行磨蚀和压碎作用的工具。处于压力融点的冰川冰和冰床之间的应力时有变化，导致融冰水的再冻结和促进拔蚀作用。磨蚀和压碎作用形成以粉砂为主的细颗粒物质，拔蚀则产生巨大的岩块和漂砾。通过这些作用冰川塑造出小到擦痕、磨光面，大到冰斗、槽谷、岩盆等冰川侵蚀地貌。

擦痕、磨光面和羊背岩　冰川擦痕是古冰川地区基岩表面最常见的冰川侵蚀微形态。它们是底部冰中岩屑在基岩上刻画的结果，具有指示冰流方向的意义。擦痕形状多样、大小不一，有细到肉眼难辨的擦痕，也有延伸数米至数十米的冰川擦槽。同一基岩面上出现几组擦痕，说明冰流方向曾发生变化；相邻地方擦痕方向不同则表示冰川底部流向的局部变化。冰川磨光面是由细小岩屑（如砂和粉砂）在质地致密的基岩面上长期磨蚀形成，实际也是由密集的擦痕组成的。羊背岩是冰川侵蚀岩床造成的石质小丘。它们大体顺冰川流向成群分布，长轴数米至数百米不等，有时大的羊背岩上叠加小的羊背岩。羊背岩反映冰川侵蚀的主要机制，它的迎冰面坡长而平缓光滑，是磨蚀作用造成的；背冰面陡峭、参差不齐，是冰川拔蚀作用的产物。如果羊背岩的迎冰面和背冰面都发育成流线型，便名鲸背岩。

冰斗、刃脊和角峰　这一组冰川侵蚀地形出现在山岳冰川区的上游，位于古雪线之上。冰斗是最常见的冰蚀地貌之一，按位置分为谷源冰斗和谷坡冰斗。谷源冰斗一般大于谷坡冰斗，往往还有次一级的冰斗分布在周围，因而又称围谷。典型的冰斗由岩盆、岩壁和岩槛三部分组成。岩盆是一个封闭的洼地，冰川消退

冰川槽谷

后积水成湖，称冰斗湖。刃脊为刃状山脊，由冰斗的不断扩大，斗壁后退，相邻冰斗间的岭脊变成。角峰为尖状金字塔形的山峰，由数个冰斗包围形成，其发育程度是冰川地形发育成熟与否的标志之一。

冰川谷和峡湾 冰川谷是冰川作用区最明显的冰蚀地貌之一。典型的形状是槽谷，又称冰川槽谷或"U"形谷。槽谷在山岳冰川地区分布在雪线之下，源头和两侧被冰斗包围，主、支冰川汇合处易形成悬谷。槽谷两侧一般具有明显的槽谷肩和冰蚀三角面。槽谷底部常见冰阶（岩槛）与岩盆，两者交替出现，积水成为串珠状湖泊。

大的冰阶形成冰瀑布，如贡嘎山海螺沟冰川有高达千米的冰瀑布。大陆冰盖或高原冰帽之下也有槽谷，这种槽谷上源没有粒雪盆，曾被称为冰岛型槽谷。中国川西高原也有这种槽谷。峡湾为海侵后被淹没的冰川槽谷，大陆冰盖或岛屿冰帽入海处常形成很深的峡湾，如挪威西海岸的峡湾，以风光绮丽闻名于世。

冰川堆积地貌　　冰川沉积包括：冰川冰沉积，冰川冰与冰水共同作用形成的冰川接触沉积，以及冰河、冰湖或冰海形成的冰水沉积。这些沉积物在地貌上组成形形色色的终碛垄、侧碛垄、冰碛丘陵、槽碛、鼓丘、蛇形丘、冰砾阜、冰水外冲平原和冰水阶地等。

终碛、侧碛和冰碛丘陵　　终碛和侧碛是在冰川末端与边沿堆积起来的冰碛垄，标志着古冰川曾达到的位置和规模。冰川前进时形成的终碛垄一般很大，高数十至两三百米。它们是冰舌前进时被推挤集中起来的，剖面上常出现逆掩断层、褶曲或焰式构造，属变形冰碛。以这种变形冰碛为基础的终碛垄，又称推碛垄。如果几次冰进达到同一位置，终碛叠加变高形成锥形终碛。贡嘎山西坡贡巴冰川前有一典型的锥形终碛。冰川后退时形成一系列规模较小的冰退终碛，一般比较低矮，不易出现包含变形冰碛的推碛垄。大陆冰盖的终碛可连续延伸几百千米，曲率很小。山谷冰川的终碛曲率很大，向上游过渡为冰舌两侧的侧碛。侧碛在山岳冰川地区是比终碛更易保存的堆积形态。它们分布范围广，不易被冰水河流破坏。在谷坡上往往有高度不同的多列侧碛。冰碛丘陵是冰川消失时由冰面、冰内和冰下碎屑降落到底碛之上，所形成的不规则丘陵地形。它指示冰川的停滞或迅速消亡，广泛发育于大陆冰盖地区，高数十或数百米。在山岳冰川区规模较小，中国西藏波密地区古冰川谷底有冰碛丘陵，最高有 30 ～ 40 米。

鼓丘和槽碛垄　　鼓丘是由冰碛或部分冰水沉积组成的流线型冰川堆积地形。平面呈卵形，长轴与冰流方向平行，迎冰面陡而背冰面缓。在大陆冰盖地区鼓丘常密集出现，山岳冰川地区则偶然见到。槽碛垄是与鼓丘形成机制类似的长条垄状冰川堆积地形，在鼓丘下游因应力减低，由冰碛集中而成。中国天山乌鲁木齐河上游和博格多山四工河上游现代冰川的前沿都曾发现近期形成的槽碛垄，高 1 米左右，伸延最长有数十米，清楚地指示冰川的流向。

蛇形丘、冰砾阜和冰砾阜阶地　　冰川接触沉积形成的地貌。冰川接触沉积是在冰川边沿、表面和底部的冰川融水中所沉积的砂砾或粉砂层。沉积时有冰川的支撑或包围，冰川消亡后它们失去支撑而发生塌陷变形。蛇形丘是狭长、曲折如蛇的垄岗状高地，两坡对称，丘脊狭窄。小的长数十至数百米，大的可达数千至数十千米，北美洲曾见长达 400 千米的蛇形丘。冰砾阜是散布在冰川作用区的不规则分布的丘陵，是冰面或冰内空穴所接纳的冰水沉积物，在冰川消融时坠落地表堆积而成。冰砾阜阶地由充填冰川两侧的冰水河道的砂砾在冰川消融时堆积形成。

冰水平原和冰水阶地　冰源河的流量有很大的日变化与季节变化，冰源河的泥沙负载量又很高，导致冰川外围地区强烈的加积，形成顶端厚、向外变薄的扇形冰水堆积体，称为冰水扇。在大陆冰盖外围有许多冰水扇联合成外冲冰水平原，而在山谷冰川地区联合成谷地冰水平原。谷地冰水平原在后期被切割成冰水阶地，冰水阶地向下游倾斜较急并逐渐尖灭，是典型的气候阶地。

冰川地貌景观　大陆冰盖很少受下伏基岩地形的控制，冰盖形态单调，其塑造的地貌景观也不复杂。从冰盖中心到外围，冰川地貌作有规律的带状分布：最内部是侵蚀区，出现大量的冰蚀湖泊，如芬兰曾是第四纪时期冰盖的中心，

新疆天池

有"千湖之国"之称；此带之外鼓丘成群出现；鼓丘带之外为散乱的冰碛丘陵和冰砾阜景观，蛇形丘也分布其中；再外即为标志着古冰川边界的终碛系列和宏伟的外冲冰水平原。山岳冰川地貌的规模不及大陆冰盖地区，但更为复杂。因为还受山地地形以及冰缘雪蚀、雪崩和寒冻风化作用的影响，由上到下可分几个垂直带：雪线以上是以冰斗、刃脊和角峰为主的冰川和冰缘作用带，雪线以下和终碛垄以上为冰川侵蚀-堆积地貌交错带，最下部为终碛和谷地冰水平原（阶地）带。

冰川湖 由冰川磨蚀成的洼坑和水碛物堆积堵塞冰川槽谷积水而成的湖泊。前者称为冰蚀湖，后者称为冰碛湖。形状多样，湖岸弯曲，多分布在古代冰川作用区，海拔一般较高，湖体较小，多数是有出口的小湖，且多成群出现。如芬兰、瑞典和北美洲的许多湖泊。中国冰川湖主要分布在青藏高原。位于藏南的八松错，它是由扎拉弄巴和钟错弄巴两条古冰川汇合以后，因挖蚀作用加强所形成的冰川槽谷，后谷口被终碛封闭堵塞形成，湖面高程 3438 米，面积约 26 平方千米，最大水深 60 米。藏东的布冲错是由于出口处有 4 条平行侧碛垄和两条终碛垄围堵而形成的冰蚀湖。新疆境内博格达峰北坡的新疆天池，古称瑶池，是冰川湖。甘孜以西的新路海，是中国最大的冰川终碛堰塞湖。

巴松错

中国冰川堰塞湖，尼洋曲流域最大湖泊之一。又称巴松湖。地处北纬30°01′，东经93°59′，念青唐古拉山南麓，川藏公路以北，西藏自治区工布江达县境内。湖面海拔3438米，东西长

巴松错远眺

13.8千米，平均宽1.8千米，面积25.5平方千米，最大水深60米。四周高山环绕，北部海洋性冰川发育，湖体坐落在由扎拉弄巴和钟错弄巴两支冰川相汇而成的"U"字形槽谷中，由冰川终碛垅堵塞而形成。

念青唐古拉山脉

阿根廷湖

阿根廷冰川湖。位于圣克鲁斯省的冰川国家公园内，海拔185米，面积1415平方千米，平均深度150米，由冰川融水汇集而成。景色秀丽，是著名的旅游胜地。湖的北端有雷奥纳河与别德马湖相连，湖水最终经圣克鲁斯河汇入大西洋。湖区分为两部分。西部被海拔2500米以上的山脉所环绕，并分别向南北方向延伸出两个汊湖，与冰原地带的冰舌相接，冰舌断裂成无数冰山漂浮于湖面之上。莫雷诺、乌普萨拉等大型冰川伸入湖中。湖岸森林茂密，顺山坡而上，直至海拔1500米。东部湖区湖岸线平直，湖床较宽，被梯形高原所包围。阿根廷湖于1873年被海员W.费伊伯格发现，但当时被误认为是别德马湖。4年后，F.莫雷诺和C.莫亚诺再次到来，证实了费伊伯格的错误，1877年2月正式将此湖定名为阿根廷湖。

莫雷诺冰川

[七、冰山]

大块海上浮冰。北半球的冰山主要来自冰川，外形千姿百态，尖顶或圆顶者居多。南半球的冰山为南极冰盖排出的冰体，一般为平顶或板块状。冰山又称陆冰，以区别于海水冻结而成的海冰。露出水面的冰体仅为冰山的 1/8 左右。冰山至少高出水面 6 米、长 15 米，比这尺寸小者叫小冰山。1882 年曾报道北极地区最大的冰山有 13 千米长、6 千米宽，高出水面 20 米，重约 $9×10^9$ 吨。1987 年曾报道南极地区最大的平顶冰山面积有 6350 平方千米，重约 $1.4×10^{12}$ 吨。北极地区每年约排出 20000 座冰山，向南漂流，直到纽芬兰的水下高地格兰德班克，漂流南界约为北纬 40°；与此相对应，南极冰山漂流的北界也到南纬 40°。大的冰山可在海上漂流一年之久，边漂流边融化、崩解和转动。

冰山漂流给海上运输和石油开采造成威胁，如 1912 年"泰坦尼克号"在格兰德班克附近与冰山相撞沉没，有 1500 多人丧生。事后，1913 年创立国际冰海巡逻机构，其使命是在航道上巡逻，为过往航船提供冰山情况预报。20 世纪 40 年代后增加飞机巡逻。21 世纪使用先进的船舶、航空和卫星遥感技术，大大提高预报水平。冰山是一种淡水资源，20 世纪 70～80 年代有人探索利用南极冰山解决中东地区严重缺水问题，主要技术难题是如何拖运冰山使其途中减少损失，到达目的地后如何从冰山提取淡水。

[八、山岳冰川]

一种完全受山地地形约束的冰川，又称山地冰川或高山冰川。主要分布在地球的中、低纬度的山地上，其中亚洲山区的冰川最多，占全世界山岳冰川的一半左右。中国是亚洲中、低纬度地区山岳冰川最多的国家，据 1999 年冰川编目统计，有冰川 46298 条，面积 59406 平方千米，约占亚洲冰川总面积的 1/2。中国冰川的总储冰量5590立方千米，折合水量约5000立方千米。山岳冰川发育在不同地形的山地上，形态各异，规模悬殊。其形态类型主要有以下几种：山谷冰川、冰斗冰川、悬冰川、平顶冰川、再生冰川、火山口冰川等。山谷冰川是山岳冰川中发育最早的一种类型，具有明显而完整的发育源地粒雪盆和伸入谷地中的几千米至几十千米的冰舌，且具有山岳冰川的全部功能，是冰川研究的主要对象。悬冰川是山岳冰川中数量最多、体积最小的冰川，它们对气候变化反应灵敏，容易消退和扩展。

［九、大陆冰盖］

分布于两极地区不受地形约束的、长期覆盖陆地的冰川。又称极地冰盖，简称冰盖。两极地区除少数山峰外，几乎全部地面为厚达数百米至数千米连续的冰雪覆盖的盾形冰盖。冰盖冰几乎不受下伏地形影响，自中心向四周外流，边缘有一些大冰舌伸向海中，有

南极大陆冰盖

的长达几百千米。漂浮在海上的冰体称为冰架（陆缘冰）或冰棚，伸入海中的小冰舌称为溢出冰川。冰架和溢出冰川的前端，常由于消融而崩解，大大小小的冰块脱离母体，落入海中，在海面上四处漂浮，就是冰山。地球上现存的大陆冰盖有南极冰盖和格陵兰冰盖，它们占地球上冰川总面积的96%，总体积的99%，其中南极冰盖最大。

[十、格陵兰冰盖]

长期覆盖于格陵兰岛上的巨大、连续冰体，形成于第四纪。格陵兰岛大部分位于北极圈内，全岛面积216.6万平方千米，是世界上最大的岛屿。格陵兰冰盖南北长2500千米，东西向最宽超过1000千米，冰面平均高2135米，面积183.39万平方千米，约占全岛面积的85%。冰盖平均厚度约1500米，最大厚度3200米，冰雪总量约为300万立方千米，

钻取出的冰心

占世界淡水总量的10%。如果冰盖全部融化，将使全球海洋上升5米。它由南北两个穹形冰盖联结而成，其冰面地形的主要特征是表面脊线呈南北走向，并且中央低于南北两侧，呈马鞍形。冰盖边缘被许多裸露的带状山地、丘陵环绕，大量冰川穿越其间伸入海洋。西格陵兰的一些冰川，如雅各布港·伊斯伯依冰川，流动速度达7000米/年，是世界上流动最快的冰川。

与南极冰盖相比，格陵兰冰盖显示出更强的极地海洋性冰川性质。冰盖西南部沿海的年平均气温1℃，1月和7月的平均气温分别为-7.8℃和9.7℃，平均年降水量1000毫米，冰川积累量和消融量都很大。冰盖中部，年平均气温约-30℃，2月和7月的平均气温分别为-47.2℃和-12.2℃，平均年降水量仅200毫米，气温低降水少，成冰过程较缓慢。

夏季，冰盖表面有一半出现融化，大部分的融水流入周围的海洋。除北部有些小冰架的底部融化外，冰的损耗方式基本上是冰盖表面消融和冰山崩塌。据卫星数据分析，20世纪90年代，冰盖海拔较高的部分总体处于平衡状态，每年增

厚或减薄的速度在1厘米以内；而沿岸地区冰层厚度在快速减薄，尤以冰盖东南面，在面积3.4万平方千米的范围内平均每年减薄30厘米，因此，因冰盖边缘减薄损失的冰量每年为50立方千米，足以使海平面每年上升0.13毫米。20世纪90年代初，欧洲的8个国家和美国在格陵兰中部最高点（北纬72°36′，西经38°34′，海拔3200米）各钻取了一支长度超过3000米、穿透了整个冰层的冰心。1996年起，欧洲的7个国家和美国、日本一起在上述两支钻孔点以北316千米处（北纬75°1′，西经42°3′，海拔2919米）开始钻取另一支深冰心，历经多年努力，到2003年7月才打透冰层，钻取了长3085米的冰心。上述冰心记录了北半球乃至全球过去25万年的气候与环境变化信息。这些信息将帮助人们了解过去地球环境变化的主要机制和人类对环境的潜在影响。

［十一、南极冰盖］

长期覆盖在南极大陆上的巨大、连续冰体。距今3000万年前南极大陆大部分已被冰覆盖，约在距今500万年前达到目前的规模。冰盖绝大部分分布于南极圈内，直径约4500千米，面积约1340万平方千米，最大厚度达4776米。南极冰盖是地球上最大的固体水库，总体积2867.2万立方千米，占世界陆地冰量的90％，淡水总量的80％。冰盖外围发育面积为150多万平方千米的冰架，主要有罗斯冰架、菲尔希纳-龙尼冰架和埃默里冰架等。南极冰盖是地球上最大的冰库和冷源，对全球气候变化、海面升降和人类生活有重大影响。如果南极冰盖全部融化，世界洋面将升高65米左右。

南极冰盖由东、西两部分组成，以横贯南极山脉为界。①东南极冰盖，覆盖于东南极地之上的巨大冰盾，占南极冰盖全部冰量的88％，中央最高处达4030米，冰盖厚度由内陆向沿海逐渐变薄。冰盾上的兰伯特冰川长约400千米，宽40千米，是世界上最大的冰川。②西南极冰盖，是唯一保存至今，下伏基岩远低于海平面

的冰盖。这种类型的冰盖稳定性差。体积约为 320 万立方千米，全部融化将使全球海平面上升 6 米。冰量大部分通过罗斯冰架和菲尔希纳-龙尼冰架入海。

南极冰盖属于典型的极地大陆性冷冰川，具有温度低、表面积累速率低和表面消融量小、成冰作用时间长的特点，如东方站雪的成冰过程需 3500 年，因此相对比较稳定。在重力作用下，冰盖表面的冰从高处向低处呈放射状流出，流速从最高处的数米逐渐增至沿岸的数十米到数百米。南极冰盖的规模取决于物质平衡，即冰盖上常年降雪的积累量（补给量）与消耗量的均衡。消耗量包括冰盖末端向海里崩塌的冰山、海水对冰架底部的融化和夏季冰盖边缘表面的融化。21 世纪初，南极冰盖每年降雪的积累量达 2200 亿吨，与冰山崩塌、冰架底部融化等的消耗量基本持平，使冰盖的规模（体积）能够保持稳定。在全球气候变暖的背景下，南极冰盖是在扩张还是收缩成为南极冰川学研究的重要课题。

［十二、古冰川］

地球历史上曾经出现过的冰川。现在仅残留由古冰川侵蚀、搬运和堆积作用而形成的各种地貌和堆积物，如冰川槽谷、冰斗、冰蚀残丘、羊背石、冰碛垄、冰川漂砾和冰川泥砾等，根据这些遗迹可以恢复古冰川。古冰川广泛发育于地球历史上的寒冷时期。南非威特沃特斯兰德发现的 28 亿年前的冰川遗迹，是已知最古老的冰川活动记录。距今 24 亿～23 亿年期间也发现有冰川活动的遗迹。距今 10 亿年以来，全球气候以冷暖交替的旋回性变化为特征，分别在距今 9 亿～6 亿年、约 3 亿年以及第四纪出现 3 次冰川广泛发育的大冰期，留下大量古冰川遗迹。在距今 9 亿～6 亿年的晚元古代冰期，冰川广泛地分布于低纬度，各大陆上均见有 1～3 层以上的冰川沉积，表明地球在此期间至少经历了 3 次以上的冰期与间冰期气候波动。在泥盆纪时期，南极地区的高山上再次出现冰川活动的记录。从早石炭世末期至二叠世初期，存在较强烈的冰川活动，主要集中在南半球的极

地周围。其中晚石炭世，极地附近的南美、南非和南极洲均广布冰盖，冰川沉积物广布在古南纬 60° 内，冰盖分布的范围比最近 100 多万年来北半球冰盖的最大范围还要大，但北半球此时未发现冰川遗迹。

第四纪冰期的古冰川遗迹在地表广泛分布。第四纪期间以寒冷的冰期和相对温暖的间冰期交互出现为特征，北半球冰盖的大规模扩展，距今 25000 ～ 18000 年前后的末次冰期盛期是第四纪期间冰川扩展时期的代表。当时，冰盖的体积为 90×10^6 立方千米，冰川覆盖面积为 40×10^6 平方千米，接近 1/3 的陆地被冰覆盖；冰川扩展的现象几乎都发生在北半球，南半球所占比例不足 3%；冰川覆盖了现代加拿大的绝大部分、美国北部的大部分、斯堪的纳维亚和欧洲北部的大范围地区，冰盖的厚度达 2000 米，最大厚度可达 4000 米。在北美，冰川扩展的最南位置达 36°N 的圣路易斯，到达美国的密苏里州。欧洲的斯堪的纳维亚冰盖覆盖了整个挪威和瑞典，从挪威陆架一直延伸到大西洋之中，布满了整个成陆的北海盆地，在西南与不列颠群岛的冰盖连成一片；向东与俄罗斯的乌拉尔冰川和西伯利亚冰盖相连。小规模的冰盖分布于阿尔卑斯山和青藏高原等部分地区。全球各地山地冰川雪线下降了约 1000 米。在大陆冰盖扩展的同时，南极和北极地区的海冰也发生大规模的扩展，北大西洋的冬季海冰可一直扩展到法国沿岸。距今 16000 年以来，世界主要冰盖随气候变暖而退缩、变薄，距今 8000 ～ 7000 年前欧洲和北美大陆冰盖以及许多山地冰川融化殆尽。

[十三、冰川国家公园]

阿根廷国家公园，位于南部圣克鲁斯省西南部的安第斯山区，占地面积 4459 平方千米。1937 年开始受到正式保护，1945 年建成国家公园，主要保护陆地冰原以及亚寒带森林和草原。由于自然风光独特，并具有典型的冰川地貌特征，1981 年作为自然遗产被列入《世界遗产名录》。气候寒冷，年平均气温 7.5℃，年降水量 809 毫米。公园内分为两个截然不同的风景区。西部是冰雪覆盖的山脉、冰川、湖泊和森林，东部是巴塔哥尼亚干草原。冰原和冰川的面积几乎占到公园总面积的一半，公园因此而得名。园内共散布着 47 条大型冰川和 200 多条小冰川，海拔最高达 2000 ～ 3000 米。著名的莫雷诺冰川位于公园南部，长约 35 千米，其冰舌约宽 4000 米，高 60 米，屹立在阿根廷湖面上，呈现出时进时退的奇特景观，每年吸引大量游客前来参观。阿根廷湖北端的乌普萨拉冰川是当地最大的冰川，巨大的冰山常流入湖中。北部的菲兹·罗伊峰海拔 3375 米，是公园内的最高点。冰山在山谷冰川、森林和湖水的映衬下构成了世界上独一无二的自然景观，是研究冰川消长运动规律、冰川地貌的理想场所。公园内的动植物资源丰富，西部的植被是典型的安第斯-巴塔哥尼亚森林和灌木，向东则过渡到干草原。主要动物有美洲狮、鹿、狐狸、原驼、黑颈天鹅等。

［十四、冰架］

冰盖或冰川漂浮在海面上的部分。在其自身巨大的重力作用下，冰盖或冰川产生塑性变形和底部滑动，由冰盖的中央向外缘或从冰川上游向末端流动，冰流到达海边后继续向外伸展，最终漂浮在海面上，成为表面坡度很小且平坦的冰架。冰架与内陆

埃默里冰架

着地冰之间的分界线，称为着地线，冰流源源不断地输送补给冰架，由于冰架底部被海水融化，末端断裂形成冰川，冰架不会无限地在海面伸展，保持着较稳定的形态，除非区域气候发生显著变化。

绝大部分冰架分布在南极洲和格陵兰。南极冰架覆盖了南极大陆海岸线的44%，冰架总面积达约1550万平方千米。最大的3个冰架为西南极洲的罗斯冰架、菲尔希纳-龙尼冰架和东南极洲的埃默里冰架，面积分别为约50万、约43万和约7万平方千米。格陵兰的沿岸也有不少冰架分布，尤其是北部，但规模远比南极冰架小。

冰架对上游冰川起支撑作用，如果冰架消失，会影响上游冰川或冰盖的稳定性。冰架底部的融化与冻结过程会影响大洋的环流和水团分布，尤其是冰架广为分布的南大洋。而冰架对气候变化极为敏感，如20世纪50年代以来，南极半岛升温超过2.5℃，周围的冰架也随之大量崩解、消失。

[十五、瓦特纳冰原]

覆盖冰岛东南部大片地区的高原冰川（又称冰原或冰盖），也是欧洲最大的冰川。海拔约1524米，冰层表面略有起伏，平均厚度超过900米，总面积8450平方千米。冰岛河流大都发源于此，从而得名（瓦特纳冰原在冰岛文意为多水冰川）。瓦特纳冰原下有多座活火山，冰下火

瓦特纳冰原景色

山爆发总伴随着冰融洪水和冰川流，它们在冰盖下流动，以巨大无比的力量冲破冰川前缘并淹没前沿地带，这一现象被称为"冰破"。爆发次数最多、大冰川流发生最多的是冰原中心附近的格里姆火山，其周期性的爆发融化了周围的冰层，冰水形成湖泊，湖水不时突破冰壁，引起洪灾。1934 年和 1938 年两次爆发，冰水的流量达 5 万米³/ 秒。20 世纪以来，大约每隔 5 ～ 10 年就爆发一次冰破，冲出瓦特纳冰原。冰破周期性爆发使冰原南端的融雪水及冰碛物长期阻碍了冰原与大洋间狭长地带的道路建设。因此，环绕全岛的海岸公路直到 20 世纪 70 年代中期才建成。在冰原之南有海拔 2119 米的华纳达尔斯火山，为冰岛最高峰。

[十六、兰伯特冰川]

世界最大冰川，位于东南极洲，宽 40 千米，长 400 千米，最厚处超过 3000 米。该冰川流经查尔斯王子山和莫森陡崖间深深切入并最大深度超过 2500 米的地堑谷地。由于兰伯特冰川表面平均高度仅数百米，周围数百千米范围内的冰体都朝它流来，于是构成了面积达百万平方千米的冰盖盆地，称兰伯特冰川盆地。冰川的上游有多条源于东南极洲高原的支流对其进行补给，下游与东南极洲最大的埃默里冰架相连，着地线的位置约在南纬 73.3°。冰川的大部分流动速度为 400 ～ 800米 / 年，中部流速略慢。每年穿过着地线注入埃默里冰架的冰量达 57 立方千米。中国从 1997 年开始中山站至东南极洲冰盖最高点的冰川学断面考察，考察路线横穿了兰伯特冰川盆地的东侧。

1952 年美国地质学家 J.H. 罗斯科根据拍摄的航空照片对兰伯特冰川地区进行了研究，绘制了示意图并命名为"贝克三冰川"，但名称并没有标绘在出版的地图上。结果，澳大利亚国家南极考察队 1956 年测绘该地区之后使用的兰伯特冰川名称成为这一地形特征的正式名称。

[十七、罗斯冰架]

世界最大冰架，介于玛丽·伯德地和横贯南极山脉之间，长约1100千米，面积约50万平方千米，占据了罗斯海海湾整个南部。1841年由英国J.C.罗斯船长发现，并以其姓氏命名。冰架前缘的厚度约200米，而陆冰分界线处的厚度可达千米。向海一侧冰架形成的悬崖东西长约700千米，高出海面15～50米，称为罗斯冰障。罗斯冰架主要由源于西南极洲冰盖的多条冰川补给，并在它们的推动下，迅速向前移动，其前缘移动速度可达1000～1200米/年。广袤的罗斯冰架成为20世纪初人类开展南极内陆考察的重要基地，最早到达南极点的R.阿蒙森和R.F.斯科特都是从罗斯冰架沿岸出发，穿过整个冰架，最终抵达南极点。罗斯冰架西北角的罗斯岛建有南极最大的考察站——美国的麦克默多站，以及新西兰的斯科特站。

[十八、菲尔希纳-龙尼冰架]

世界第二大冰架，位于威德尔海顶端。面积约43万平方千米，规模仅次于罗斯冰架。伯克纳岛将该冰架分成了两部分，东面为宽度较窄、面积较小的菲尔希纳冰架，西面是宽度和面积大得多的龙尼冰架。两个冰架在伯克纳岛南端相互连接。菲尔希纳-龙尼冰架下有充满海水的巨大洞穴，最深处超过1600米。冰架前缘厚度最小，约200米，但冰流速度快，菲尔希纳冰架前缘的冰流速度约为700米/年，龙尼冰架可达1300米/年；而着陆冰分界线处的后缘冰厚度最大，可达1500米，但流速慢，约100米/年。

菲尔希纳冰架位于科茨地和伯克纳岛之间，长约370千米，宽约180千米。主要由伯克纳岛东部的斯莱塞冰川、里卡弗里冰川和瑟波特福斯冰川补给。由威廉·菲尔希纳率领的德国南极探险队于1912年1～2月间发现，并以此得名。

龙尼冰架的西面以南极半岛基部和埃尔斯沃思地为界，东部以伯克纳岛为界。主要由源自西南极冰盖的多条冰川补给。龙尼南极考察探险队队长、美国人芬恩·龙尼中校在1947年11月和12月的两次飞行中发现该地，并对该冰架整个北部地带进行了摄影。

威德尔海

南大洋最大的附属海，为一深海，以1823年最先到此的英国探险家J.威德尔姓氏命名。世界上最大的边缘海之一，面积约280万平方千米，南连菲尔希纳冰架，北以南桑威奇群岛和南奥克尼群岛为界，西靠南极半岛，东南倚科茨地，东北开阔直通大西洋。海盆深4500～4700米，南极半岛东侧陆架宽150千米，科茨地陆架较窄。

海域属极地气候，年平均气温-20℃，全年以东风为主，年平均风速6.9米/秒。位于威德尔海沿岸的气象站观测的风多为下降风。例如，贝尔格拉诺，盛行风向南风，年平均风速6米/秒；哈利湾，盛行风向东南风，年平均风速5.5米/秒。气旋主要路径是沿南纬60°或更高纬度向偏东、偏东南方向运动。但在威德尔海具有更向南移动的路径（方向从外海指向大陆）。这实际是越过南美大陆安第斯山脉的气流具有偏南分量造成的。水汽压约200帕，相对湿度约70%。全年平均云量8～9。

有4种基本水团：①夏季出现的南极表层水（冬季残留水）。②低温、高盐、高密的陆架水。③南极深层水。④南极底层水。冬季残留水水温在-1～-2℃，盐度在33.8～34.0，500米层海水位温0～0.5℃，底层水温-0.6℃，0℃温度在1500米左右。海面布满浮冰，受东南风影响使海冰多堆积于南极半岛东岸。南部海流属东风漂流，北部属西风漂流，因此，在威德尔海构成顺时针的环流。东风漂流区流速最大也只有17厘米/秒。冷而重的陆架水下沉为南极底层水，是世界大洋深层水的主要源地，在大洋深层环流中起着重要作用。

南半球的冬季，海冰覆盖面可以达到相当低的纬度，一般威德尔海也都被海冰覆盖。然而根据卫星云图的分析，在威德尔海离岸 800 千米的开阔海冰面上出现开阔水域，最大面积可达 0.3×10^6 平方千米，称为威德尔海冰间湖。它的存在，可以引起海气之间强烈热交换，是海洋物理学中的重要课题。

从威德尔海里侧到南极半岛的海域，潮汐振幅大于 1 米，是南极周边潮汐最大的海域。最大潮差在南极半岛沿岸。这是由于海底山脉和复杂的大陆架影响产生的。根据希克尔顿（南纬 77°59′、西经 37°10′）验潮资料：潮型系数为 0.77，因此为不正规半日潮。而南乔治半岛则接近半日潮。

威德尔海海水富含营养盐，是浮游生物最密集的海区之一。南桑威奇群岛南侧浮游植物丰富，叶绿素 a 的含量可达 4.30 毫克 / 米^3，初级生产力达 10 毫克·碳 /（米^3·小时），是南极磷虾丰富的产地。动物有威德尔海豹、企鹅、海燕。

［十九、绒布冰川］

中国西藏自治区冰川。位于日喀则市定日县境内。处于珠穆朗玛峰脚下海拔 5300 ～ 6300 米的广阔地带，由西绒布冰川、中绒布冰川和远东绒布冰川共同组成。全长 22.4 千米，总面积 85.4 平方千米，是世界上发育最充分、保存最完好的特有山谷冰川形态，也是珠穆朗玛峰山岳冰川中面积最大、最为著名的冰川。冰舌平均宽 1400 米，平均厚度达 120 米，最厚处超过 300 米。绒布冰川是复式山谷冰川，类型齐全，其上限一般在海拔 7260 米处。

冰川的补给主要靠印度洋季风带来的大降水带积雪变质形成。绒布冰川规模大，在广阔的冰雪面上，最引人注目的是冰塔，东绒布冰川上的冰塔林，集中分布在海拔 5400 ～ 6300 米的末段冰川表面，形态千变万化，高度有数米至四五十米不等；其次是表碛丘陵和迂回曲折、时隐时现的冰面河流，以及明镜般的冰面湖泊。绒布冰川储水量多达 160 亿立方米，可以填满 3 个太湖，是一座巨大的固体水库。这里常年悬挂着冰乳钟、冰桥、冰笋、冰幔、冰花、冰塔林。从绒布冰川南望，珠穆朗玛峰就像一个顶天立地的大金字塔，鼎立在群峰之上。而绒布冰川的两大分支则像一棵根茎银白的巨树，把珠穆朗玛峰托在巨大的树冠之上。珠穆朗玛峰脚下，连接着绒布冰川的是由冰川融化汇集而成的绒布河。

［二十、米堆冰川］

中国西藏自治区的冰川。位于林芝市波密县县城以东约 100 千米的玉普乡。因坐落于名为米堆的村子后面，故称米堆冰川。米堆冰川主峰海拔 6800 米，雪线海拔 4600 米，末端只有 2400 米，是西藏最主要的季风海洋性冰川之一，也是世界上海拔最低的冰川，极具科考和旅游开发价值。米堆冰川常年雪光闪闪，景

米堆冰川

色神奇迷人。其独特之处是它的冰面上布满了一道道美丽的弧拱结，黑白相间，波浪起伏。米堆冰川由两条世界级冰瀑布汇流而成，冰瀑布之间分布着一片郁郁葱葱的原始森林，如同一幅自然之手创造出的泼墨山水。冰川高处随处可见晶莹闪烁的冰盆绝壁，动人心魄。冰川末端是美丽的冰湖。冰湖旁是农田和村庄。

［二十一、大理苍山古冰川］

大理苍山古冰川。位于云南省大理市西部点苍山。点苍山又称苍山，是由变质的片麻岩、混合岩、片岩，大理岩及花岗岩等组成的断块侵蚀型山地。点苍山东依洱海，山地高大雄伟，平均海拔在 3000 米以上，属高山型山地。多数山峰高度在海拔 3500 米以上，海拔 4000 米以上的高峰有 4 座，主峰马龙峰海拔 4122 米。第四纪曾经历两次冰期：①第一期称大小海子冰期（李四光称庐山冰期，米士称炼铁冰期）。冰期时的雪线海拔 3000～3200 米，绝对年龄测定为 14.35 万年。②第二冰期称大理冰期，由 2 个副冰期组成。大理冰期 1 期，在海拔 3500 米以上，冰斗出现在海拔 3600～3700 米一带；规模不大，保存较好，绝对年龄 5.6 万年。大理冰期 2 期，发生在距今 1.61 万年，出现高度海拔 3700～3900 米；冰斗小，深度不大，破坏弱，冰碛物少，保存较好。个别冰斗积水成潭，如著名的如洗马潭。主峰及附近几处高峰处，大理冰期的冰川地貌保存完整，现山麓附近的洪积、冲积扇群上，还保存大量冰碛、泥砾与漂砾，有些用作建筑石材。

［二十二、梅里雪山冰川群］

云南省保存较好、面积最大的山岳冰川群。

位于云南省迪庆藏族自治州德钦县西部的梅里雪山上。在梅里雪山主峰卡格博峰（海拔6749米）与太子雪山主峰缅茨姆（海拔6054米）之间的一片海拔6000米以上的极高山山地中，分布着10余条现代冰川，多数散布于卡格博峰四周。属低纬度海洋性山岳冰川。其中，最著名的为明永冰川与斯恰冰川。①明永冰川。藏语名奶诺戈汝冰川，因位于德钦县明永村而得名。该冰川为云南省内长度最长、冰量最大的冰川，从卡格博峰下海拔5500米一带的冰斗群内汇集下移、下滑至海拔2660米附近的森林带内消融，长达11.7千米、平均宽500米。冰舌前缘高出澜沧江水面仅800米，成为云南省甚至是国内冰舌前缘最低的山岳冰川。②发源于主峰东坡的斯农冰川，为冰川群内的第二大冰川，藏语名为森层堡，因出现在梅里雪山山麓的斯农村上方，故名。冰川由卡格博东坡的冰斗中汇集后，沿冰川谷向东北流动，后转向沿陡坡流动，冰舌下滑至海拔3100米处消融，全长约7.5千米、宽约600米，虽短于明永冰川，却宽于明永冰川，成为云南境内第二长冰川和第一宽冰川。

梅里雪山风光

梅里雪山附近，山体高大，处于西方暖湿气流的近风带，具有双雨季的气候特点，山顶终年云雾缭绕、固体降水丰沛，冰雪补给量大，形成较厚的冰层。加上山体坡度陡峻，冰川在陡峭坡降大的冰川谷中流动，其速度快于一般冰川，使得冰川可冲入森林带内 3.4 千米后才完全融化，造成绿树夹白冰的景象。同时也形成两条纬度最低、海拔最低的现代冰川。冰川群中还有源于主峰附近的来日顶卡峰（海拔 6400 米）附近的续卡冰川和源于主峰西北部芒框腊卡雪山（海拔 6400 米）上的芒框冰川，该冰川向西北能进入西藏自治区左贡县境内。冰川群附近冰雪供应量大。由于山势陡峻与雨季长、干季短等原因，尚无法登顶。随着全球气候变暖，冰川群有退缩现象。冰川附近的山体高大陡峭，树线以下森林茂密，人为干扰少，环境优异。